U0008078

大塚太太帶你吃日本

グルメの旅 JAPAN

飲食文化、地方料理、星級食材、巷弄美食、夢幻甜點、人氣伴手禮，在地人才知道的美食秘境全收錄。

大塚太太——著

目錄

CHAPTER 1

令人嘖嘖稱奇的日本飲食文化

CHAPTER 2

稀有珍貴的星級夢幻美食

CHAPTER 3

讓人無法抗拒的日本甜點

CHAPTER 4

大東京地區的伴手禮推薦

CHAPTER 5

其他地方的伴手禮推薦

CHAPTER 1

| 令人嘖嘖稱奇的日本飲食文化 |

日本料理在世界上享負盛名，相信許多人來日本旅遊最期待的事情之一就是享用當地的各種美食。然而你知道在這些吸引人的日式料理背後，日本人有一些日本人另類的飲食習慣，說出來還真讓人覺得不可思議。許多住在日本的外國人也表示剛開始時會被這些飲食文化嚇一跳，但後來卻習以為常甚至還樂在其中……。

雙重碳水化合物

管他是麵是飯是煎餃，
就是要一起吃才對味！

蕎麥麵加天婦羅蓋飯的定食

首先要介紹的，是最常見也是最經典的「雙重碳水化合物」。所謂雙重碳水化合物吃法，也就是兩種澱粉類食物加在一起的組合，這些組合在日本的一般餐廳裡經常可見，相信很多來日本旅遊的朋友也體驗過。仔細看看拉麵店的菜單，除了單點的拉麵外，日本人常會點煎餃配拉麵，這算是普遍可以接受的吃法；可是另外有一個基本的人氣組合就是拉麵加一碗白飯！剛開始看到日本人這樣吃的時候一定覺得很奇怪，就像在台灣若有人吃陽春麵或牛肉麵配白飯一樣令人不解。

為何會有雙重碳水化合物的吃法出現？有一個原因可能是日本是一個愛吃米飯的民族，他們在稻米的改良培育以及如何煮出晶瑩剔透、粒粒分明的白米飯上花了很多心思，舉凡在日本吃過白米飯的肯定是讚嘆聲不斷。

正因為日本人的許多飲食習慣幾乎都和米飯脫離不了關係，所以拉麵的湯頭太鹹會叫一碗白飯來搭配著吃；煎餃、炒麵、大阪燒、漢堡排和牛排也要拿來配飯。沒錯！不要懷疑，在日本大多數人吃牛排配的是一盤白飯，而大阪人則有吃大阪燒配白飯的舊習喔。

問過幾個日本朋友，他們的說法則

三重碳水化合物：拉麵＋白飯＋煎餃

漢堡排和牛排也要配白飯

是麵吃完後留下來的湯頭很可惜，且大部分的拉麵湯頭口味頗重，若和著白飯一起吃剛剛好。的確，以日本的濃厚拉麵湯頭，配一碗飯可以平衡一下味道還可以讓人更加飽足和滿足，難怪拉麵加白飯的組合很受歡迎。甚至也有人反應，有時光吃拉麵沒有白飯搭配還真有一種空虛感！

曾經有一次，我點了拉麵吃到一半突然想吃煎餃，於是就追加了一盤煎餃，沒想到端來時還多了一碗白飯！原來是日本的某些店家點煎餃時還會附贈一碗白飯，結果那一天桌上出現了三種碳水化合物（拉麵、煎餃、白飯），還真讓我嚇一跳呢！

煎餃配白飯、拉麵佐壽司，配法千奇百怪！

提到日式煎餃，可說是日本人的國民美食之一，在拉麵店裡叫一盤煎餃是最常見的光景，但如果有機會到日本人家中吃飯，餐桌上有一盤煎餃的話，一定會看到每個人拿一碗白飯去夾來配著吃。說也奇怪，不吃還好，一吃令人驚奇，煎餃配白飯居然有一種莫名其妙的美味。酥酥脆脆的外皮沾著醋醬油與白飯好對味，尤其當裡面的肉餡和肉汁迸發與白飯融合在口中時，這滋味還真是意外的絕配。雖然我也曾做過水餃、湯餃和蒸餃給日本的家人們吃，但發現他們最喜歡的還是——煎餃，因為拿來配飯最美味，總之煎餃就是離不開白米飯。後來我把這種吃法推薦給台灣的親友時，大家一開始都會有點抗拒，結果不少人一試就愛上了，大家若有機會不妨也試試看這樣的吃法囉。

除了拉麵或煎餃配飯外，日本還有很多精彩的雙重澱粉類組合，例如：拉麵加炒飯、咖哩烏龍麵加豬排飯、拉麵配生蛋拌飯、蕎麥麵配天婦羅丼飯、烏龍麵和生魚片蓋飯……等等。印象最深刻的是，我曾經在佐渡島的一間人氣排隊壽司店「長三郎」，吃到了至今仍令我念念不忘的「握壽司和拉麵」組合，竟然意外地麻吉；也在北海道室蘭市品嘗到當地的地方名物「咖哩拉麵＋串燒丼飯」；還有山梨縣甲府名物「雞肝煮」配白飯加蕎麥麵等，都是旅遊中令人難忘的雙重碳水化合物美食。

剛開始看到上述的菜單組合確實令人卻步，但住在日本一段時間後，反而發現雙重澱粉類的吃法還真不錯，可以讓人紮紮實實地吃上一餐，加上又可以讓菜色看起來豐盛感十足，也正是這種吃法吸引人的地方。據說這也是為了滿足一般普通的上班族，在物價高卻必須天天外食的情況下發展出來的，多吃一些澱粉類的東西將肚子填飽，此外在不同組合的變化下不會令人感到厭膩。

另外在日文中有そばめし這個詞，意思是炒麵飯，也就是炒麵和白飯一起炒的意思，據說原本是神戶的

拉麵配煎餃

蕎麥麵配天婦羅蓋飯

室蘭地方名物：
咖哩拉麵＋串燒丼飯

定食裡有煎餃和白飯

拉麵配叉燒丼飯

庶民料理，所以炒麵在日本人的眼裡既是主食也是一種配菜。一開始在我們家的餐桌上出現炒麵配飯和吐司夾炒麵時，我還真的嚇一跳，但看大家吃得津津有味，自己後來也見怪不怪了。而且因為日式炒麵的醬汁口味頗重，鹹中帶點甜味的確很下飯。其實不只日式炒麵，日式便當或一些日本的洋食餐廳也常會看到配菜中有一種茄汁義大利麵，日本人稱之為拿坡里義大利麵，據說是他們自己發明的，我們家的漢堡排定食就會看到它和白飯一起出現的景象。

上述的麵包夾炒麵其實是日本人的懷舊吃法，在日本的超市、便利商店、麵包店也可以看到麵包夾日式炒麵或拿坡里義大利麵的商品。連

日本懷舊吃法：麵包夾炒麵

知名的YAMAZAKI口袋麵包午餐系列商品，在各式各樣的口味中也有一個驚人的口味，那就是吐司包拉麵！我曾在一間下町的麵包店裡看過一種超級誇張的麵包夾日式炒麵，可能是炒麵的份量太多而無法被麵包包起來，於是以一種開放式的姿態陳列，讓日式炒麵就這樣霸氣地躺在麵包上。有機會來日本麵包店或超市逛逛的朋友們，可以尋找一下它們的蹤跡。

大塚太太的私房話

吃拉麵時有一碗白飯真好、日式煎餃配白飯好登對，這是許多日本人的普遍想法。在日本生活久了之後，漸漸被他們這種獨特的飲食習慣影響，偶爾我也會在家裡準備類似的食物，除了麵包夾炒麵外，我還做過吐司夾炒飯、饅頭夾煎餃、蛋餅包炒飯炒麵等等，簡直就是無法無天！一種你們日本人既然這麼喜歡雙重碳水化合物，我這個台灣媳婦當然得青出於藍更勝於藍啦（笑）。

我做的雙重碳水化合物便當

下町麵包店裡出現日式炒麵直接躺在麵包上

日本人每餐幾乎都有生菜沙拉

餐餐生菜沙拉

第一道要從蔬菜開始吃，
沙拉醬也得講究

若談起在日本生活讓我很不習慣的事有哪些，生菜沙拉就是其中之一。日本人真的很愛吃沙拉，餐桌上幾乎每餐都有生菜沙拉，連外面的定食或套餐也大多會附上沙拉，難怪超市裡的沙拉醬琳瑯滿目，可見沙拉在日本人的飲食生活中占有很重要的地位。

銷售第一的Q比牌

在眾多口味的沙拉醬中，日本知名廠牌Q比的沙拉醬一直都是日本家庭裡的常客，其中的明太子奶油醬、起司羅勒青醬、千島沙拉醬和定番的芝麻醬是我們家愛用的口味。除了拿來當生菜沙拉醬和蔬菜條的沾醬外，還可以直接拿來拌燙青菜或義大利麵、烏龍麵等，於是道地的明太子奶油、羅勒青醬義大利麵就這樣拌一拌完成了，超級方便！

「Q比深煎芝麻沙拉醬」可說是日本銷售第一名的沙拉醬商品，我自己也非常喜歡，只要準備一盤新鮮的生菜沙拉，直接淋上芝麻沙拉醬就很美味了！另外非常建議在生菜上面放一些用熱水滾燙好的豬肉片，這是日本夏天頗受歡迎的一道涮豬肉生菜沙拉（豚しゃぶサラダ）。芝麻醬和豬肉片的相合性非常高，再搭配清脆鮮美的各式生菜顯得更加爽口多汁，絕對是夏天的一盤開胃菜。

另一種視覺味覺兼具的做法，是將綠蘆筍、紅蘿蔔、四季豆等切成長條狀煮熟，小黃瓜也切成長條狀，有時我還會準備一些苜蓿芽，再用煮熟的豬肉片把所有的蔬菜包起來，淋上芝麻醬即可上桌，既美觀又可口，把夏天的食慾不振都趕跑了！

Q比深煎芝麻沙拉醬

RACINES 的沙拉

深受女性喜愛的沙拉主題餐廳

我發現日本有很多餐廳在製作沙拉上很用心，甚至還有以有機沙拉或各種特色沙拉為主的專賣店鋪，吸引了很多人前往，蔚為健康美食的潮流。日本喜愛生菜沙拉的眾多人口中又以女性為主要消費者（我家婆婆和小姑就是熱愛生菜沙拉的代表），一年四季都吃得很開心。加上，不少和飲食相關的電視節目與書籍也指出，如果用餐的順序中先吃蔬菜類，除了可以攝取纖維質外還可以防止過多脂肪的吸收，所以日本人的飲食觀念中第一道菜先吃沙拉是較符合健康用餐的順序。

而這些深受歡迎的人氣時尚餐廳除了提供各式新鮮生菜外，也會將一些蔬菜燙熟或烤熟，再淋上餐廳特製的沙拉醬做成溫沙拉，很受顧客喜愛。其實光是看他們精心準備的沙拉種類，不乏一些特殊稀有的蔬果品種，同時還會和各類烘焙麵包結合在一起，這就是現在非常流行的「麵包＋沙拉＋濃湯＋咖啡」的潮流美食。在這些餐廳裡會看到三五成群或單獨一人的女性顧客，每個人的餐桌上一大盤顏色鮮豔的沙拉、美味可口的現烤麵包和一杯

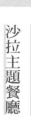

咖啡，主菜可能是一些少量肉類或義大利麵，大家優雅地享受其中，吃得津津有味！

馬上就來介紹一間我們家女子們非常喜歡的此類型餐廳「RACINES」（全名為 RACINES BOULANGERIE BISTRO），是一個講求自然派的療癒系團隊經營的。光是在池袋地區就有數間餐廳分店和一間主要的麵包坊，以有機蔬果和採用天然酵母自家手工製作的麵包為主。店裡的套餐都會附上他們經典的英式吐司和有機生菜沙拉，青翠豐盛的沙拉做成圓形花圈的模樣讓人眼睛一亮，搭配上 RACINES 最有人氣的翠綠色沙拉醬，讓人胃口大開。這款自然無添加的沙拉醬，採用淡路島洋蔥、廣島有機大葉和日本國內各地新鮮蔬菜製成，我們吃過一次後就愛上了它清爽卻頗有內涵的滋味。我們家也常會外帶 RACINES 的麵包、甜點和沙拉醬回家，把店裡的美味延伸到家裡細細品嘗。

台日蔬菜兩樣情

但說真的，對吃習慣炒青菜和燙青菜的台灣人我來說，生菜沙拉吃久了還是會覺得有點膩，不禁讓人懷疑難道日本人都吃不膩嗎？不是我對生菜沙拉有偏見啦，但想想當每餐幾乎都吃生菜沙拉，難道不會感到厭煩？奇怪的是日本人好像沒有這個問題耶！

不過，我仔細研究一下發現，日本超市裡根莖類的菜比葉菜類的多，嚴格來說市面上流通的葉菜類不是菠菜就是小松菜居多，剩下的就是適合拿來做生菜沙拉的那幾種，選擇性極少，更別想能像在台灣一樣，到處能買到地瓜葉、芥藍菜、大豆苗……等等，要吃一盤炒青菜真的不容易啊！難怪我家阿嬤以前來日本幫我坐月子時，每次去超市回來都在抱怨：「買不到菜！」然後回去台灣告訴親朋好友與街訪鄰居們：「日本哪ㄟ安ㄋㄟ！沒有青菜！」除非你自己在家裡開闢一個小農地種青菜，要不然就不要住在大城市裡，否則會像我家阿嬤一樣悲鳴，都買不到菜！所以如果讓我看到超市裡有在賣空心菜，那簡直就像看到鑽石一樣眼睛會發亮的。話說在台灣到處都有的空心菜其實在日本是個少數民族，久久一次才有可能在東京的超市裡看到它的蹤跡。從它的日文名字空心菜「くうしんさい」就知道是從中文直接發音過來的，屬於外來種，並不是本來存在日本的青菜。然而在京都它卻有一個頗為特別的名稱，叫做「筒菜」，可能是因為莖的部分是中空的關係，和空心菜的意思有異曲同工之妙。

千萬別小看在台灣很普通的空心菜，在日本的價格可不便宜喔，一小把約兩百到四百日幣之間；縱使如此，每當我家婆婆在超市裡發現了幾把空心菜，會立刻打電話給我並在電話那頭大叫：「我看到空心菜了！今天晚上可以吃炒青菜耶！」大家可能會好奇，我家婆婆是日本人為何對空心菜這麼激動，因為我們家早已被我這個台灣人同化了。這樣說來，我好像專門是嫁來文化入侵的……（笑）

我自己做的沙拉

地下美食街的沙拉專賣店

大塚太太推薦的美食

RACINES BOULANGERIE BISTRO

東京都豊島区南池袋 2-14-2 B1F

午餐 11:00 ～ 16:00
下午茶 14:00 ～ 16:30（平日）、15:00 ～ 16:30（假日）
晚餐 18:00 ～ 22:00（週日～週四）、17:30 ～ 22:00（假日）、17:30 ～ 23:00（週五和假日前）

http://racines-bistro.com/

天天味噌湯

餐桌上無可取代的第一配角

在溫泉旅館喝到的味噌湯

相信很多人來日本旅行都會稱讚這裡的味噌湯好好喝，尤其一早起床就能吃到美味的白米飯和味噌湯的組合時。對日本人來說味噌湯幾乎是每天會喝到的湯品，大部分日式餐廳裡的定食會搭配味噌湯外，家裡的餐桌上也幾乎天天出現，無論吃壽司、炸豬排、天婦羅、各式蓋飯等，沒喝一碗味噌湯就好像缺少什麼似的，會覺得不太完美（笑）。甚至連我們家小孩的暑假作業，都有一項是要孩子在家裡從大豆開始釀造味噌，並用釀造好的味噌做一道料理，讓人著實感受到日本果然是個離不開味噌的民族啊！

同樣都是味噌湯，大家可能也察覺到台灣的台式口味和日本的不太一樣，但各有特色。嫁來日本跟著婆婆一起在廚房做菜後，我終於知道了日本味噌湯好喝的秘訣，於是在文章的最後，還會跟大家分享如何做出宛如在日本餐廳及旅館裡喝到的道地味噌湯，就算無法來日本旅行也能在家輕鬆神還原令人懷念的那一味喔！

味噌湯的靈魂元素—高湯

首先要跟大家介紹的是味噌湯裡必備的調味料，也是湯裡的靈魂元素。其實味噌湯顧名思義除了放味

日式高湯

茅乃舍だし

噌外，都會加一點日本料理中不可或缺的日式高湯（だし），是一種用昆布、魚干、香菇等提煉出來的高湯。日式料理中許多有深度和層次感的湯品以及茶碗蒸、關東煮、親子丼……等只要加一點就風味無窮。超市裡可以看到各式各樣的相關產品，也有很多口味的選擇，我們大塚家喜歡的是一種加入烤飛魚（焼きあご）的高湯粉，還有無化學調味料和食鹽添加，以食材本身的自然風味取勝的商品。

特別介紹一個本社在福岡的「九原本家」，旗下有健康食材專賣店和高級日式料亭，他們自創的「茅乃舍だし」日式高湯包，在台灣也擁有一大批愛好者。嚴選國產食材如昆布、鰹節、潤目沙丁魚和烤飛魚

再加上海鹽調味，可以將料理襯托得更出色。一大袋裡有好幾小包的高湯包，料理時可以連紙袋一起整包直接放入，或者將小包紙袋剪開後倒入粉末都可以。如果喜歡湯頭透明清澈一點，則建議整包放進湯裡，煮完再拿出來丟棄即可。除了有原本的高湯商品外，他們還推出了日本各地的限定版本，因為各地的鄉土風味多少有些不同，例如：名古屋限定包口味偏重、色澤頗深，散發著濃厚香醇的赤味增文化背景；然而大阪的地方限定就比較清爽淡雅，秉持著關西一貫清淡口味的傳統。

喜清淡滋味愛濃烈口感
超市裡應有盡有

超市裡的味噌種類也非常豐富，有一般家庭常用的家常口味，煮出來的味噌湯偏向溫和大眾化，適合拿來搭配各種料理。也有味道獨特濃厚的赤味增，通常會和珍珠菇（滑菇なめこ）及豆腐做成口味較重的紅味噌湯。另外還有一種香醇回甘的白味噌，煮出來的湯頭帶點奶香，色澤呈現混濁的乳白色，風味柔和甜美，甚至還可以找到一些知名料亭獨家推出的限定版味噌等等。在包裝上也有一般常見的盒裝式、也有拿取方便的瓶罐式、還有較易溶解的粉末式，是許多台灣人旅日時的必買清單。

如果大家以為味噌只能拿來做味噌湯，那就太可惜了，在日本味噌可以運用在許多料理上，例如：味噌田樂豆腐燒或田樂茄子上面的田樂醬、經典烤魚中的西京燒醃漬醬料、各式各樣的沾醬、沙拉醬等都需要用到味噌來製造層次變化和韻味，在決定味道上絕對佔有舉足輕重的地位。此外，味噌還有發酵軟化的功效，所以日本人也會拿來當作醃漬食物的醬料之一，比如非常下飯的味噌漬物（味噌漬け）。我自己最常做的味噌蜂蜜優格豬肋排，就是用味噌、原味無糖優格、蜂蜜和砂糖醃漬而成的。醃個兩天後不僅肉質柔軟且非常入味，用烤箱烤熟後超級下飯，大家吃到舔手指，根本是欲罷不能呢！

日式定食一定附有味噌湯

日本味噌

超市味噌湯便利包

大塚太太的私房話

少鹽低熱量的味噌湯便利包

超市裡也有許多款味噌湯的便利包，縱使是忙到沒時間下廚的人，也能輕鬆地喝到一碗熱騰騰的味噌湯。在這裡貼心為大家介紹一個低卡路里減鹽的味噌湯便利包，由日本人氣話題 Tanita 食堂監修。Tanita 是一家專門販賣體重計和測量機等有名的公司，在自家公司的食堂裡研發許多低卡減鹽的健康餐飲而引起一陣話題風潮，進而開發料理相關產品與定食餐廳。這一款 Tanita 和 Marukome 聯名合作的味噌湯便利包一人份只有二十五的卡路里和一公克不到的鹽分，就算是每天喝一碗也不會有太大的負擔。

烤魚、白飯、味噌湯是鐵三角

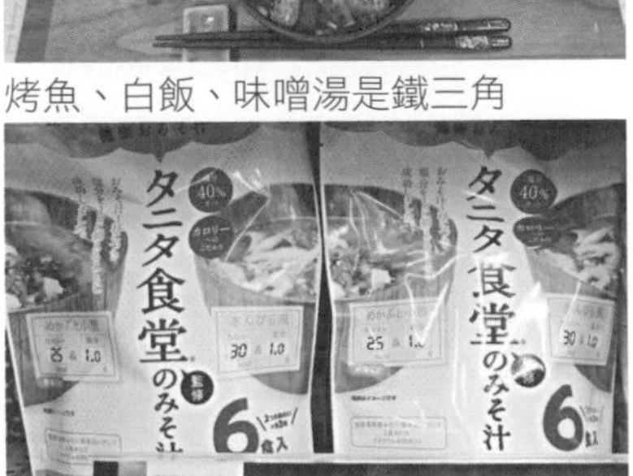

Tanita 食堂的味噌湯

大塚太太的家常菜

味噌湯簡易料理法

食材（四人份）

日式高湯粉（份量根據包裝上的指示）
日本味噌 適量
洋蔥 半顆
鴻喜菇 1包
油豆腐皮 2片
豆腐 1盒
菠菜 1把
蔥花 適量

作法

1. 按照高湯包裝上面的指示份量將高湯粉放入水中煮滾，日式高湯產品可以在日系超市裡面找得到，口味可以依照自己的喜愛做選擇。
2. 將洋蔥、豆腐皮切小塊，鴻喜菇洗乾淨剝散，以上食材通通放進滾水中一起煮熟。
3. 先取一大匙味噌，在滾水中使用濾網過濾味噌讓其溶解均勻至湯中，此時可以品嘗味道再決定是否增加味噌的份量，一邊品嘗一邊添加味噌是調味的重點。
4. 記得把濾網中的味噌殘渣丟掉，這樣湯頭喝起來比較爽口卻不失韻味。
5. 最後將切好的豆腐、菠菜和蔥花加入煮滾即可。

Tips

煮出來的味噌湯清爽淡雅卻韻味無窮，其中的日式高湯決定了湯頭的深度與層次，油豆腐皮增加了油潤的感覺，洋蔥則增添了甜美回甘的風味。記得豆腐易碎不要太早放進去，蔥花和菠菜最後放才能維持其清脆的口感。

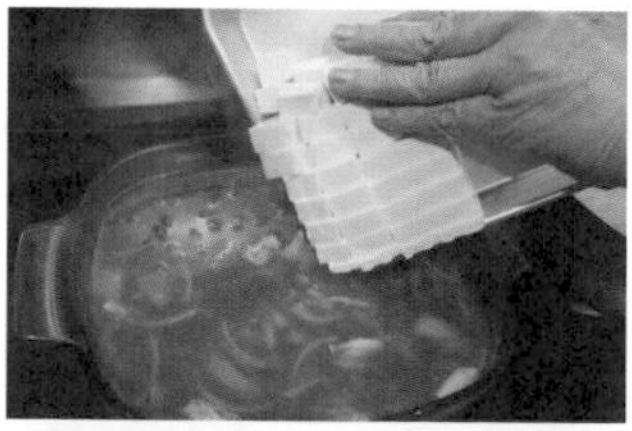

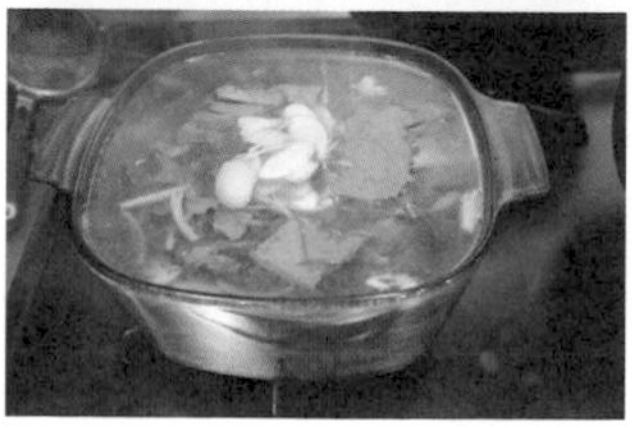

大塚太太的家常菜

味噌湯兩段式料理法（豚汁）

食材（四人份）

日式高湯粉（份量根據包裝上的指示）
日本味噌 適量
豬肉 150 公克
鴻喜菇 半包
香菇 3 朵
牛蒡 半根
紅蘿蔔 半根
蒟蒻 1 塊
馬鈴薯 1 顆
白蘿蔔 1/4 根
蔥花 適量

作法

1. 將上述的食材全部切成小塊。
2. 在鍋中加入一點油後，先將豬肉炒一炒，再將所有的食材放進來一起炒到半熟。
3. 把炒好的食材放入另一個深鍋中，加入適量的水和高湯粉或高湯包，份量比例請參看高湯包裝上的指示。
4. 先取一大匙味噌，在滾水中使用濾網過濾味噌讓其溶解均勻至湯中，一邊品嘗一邊添加味噌的份量。
5. 這裡也是把濾網中的味增殘渣丟掉，最後撒上一點蔥花即可。

Tips

這種用豬肉將食材先炒香再煮成味噌湯的方式，在日本又有另一個名字，叫做豬肉味噌湯（豚汁），也是在餐廳和日本家庭裡經常會出現的湯品。以上的食材雖然是經典定番代表，但如果想要用自己喜歡的其他食材來取代也是可以的。

看了以上兩種製作日式味噌湯的方法是不是躍躍欲試了呢？其實它們的作法都很簡單，只要抓住上面的幾個關鍵，在家裡也是可以輕鬆做出宛如在日本餐廳及旅館喝到的道地風味，大家不妨試試看囉。

大塚家的日常滋味

顛覆大塚家味蕾的台灣好湯

雖然說在日本天天喝味噌湯是普通平常的事，但身為台灣媳婦的我一定要讓日本家人也見識到台灣湯品的多樣化，因此在我們家餐桌上味噌湯出現的頻率就沒有其他家庭高了。記得有一天看到我買了一堆排骨回家，我家大塚婆婆驚嘆地對我說：「如果不是妳嫁來我們家，有好多食材都是我不會去碰的，像這些排骨我就根本不會去買回來煮，但自從有妳在後，讓我們吃到了很多以前沒吃過的料理！」

其實日本家庭主婦真的不太碰帶骨的肉，她們大多不知道如何處理，因為日本人沒有啃骨頭的習慣，這就是為什麼在日本超市裡很難買到排骨。我對大塚婆婆說：「用排骨煮出來的湯很好喝喔，只要在冷水中加幾片薑片和一點點酒，放進排骨從冷水開始汆燙，用中火煮滾一下再把排骨洗一洗，這樣就可以將髒東西和血水處理乾淨了。」

接著我又把之前在網路上訂到的芋頭拿出來，此時我家婆婆睜大眼睛說：「原來這就是傳說中的芋頭，我只有吃過芋頭做的台灣甜點，沒想到它的本尊長這樣好有趣喔～～～」當我把山藥和竹筍也一起加進湯裡的時候，我家婆婆又說話了：「從來沒有想過可以把山藥拿來煮湯，排骨、芋頭、山藥、竹筍和玉米合在一起，會是什麼樣的滋味太讓人期待了……」

最後這碗「芋頭山藥竹筍排骨湯」，果然驚豔了我們全家人的味蕾，尤其對公公婆婆和小姑來說，他們是第一次吃用芋頭做的料理，對大塚先生和小鬼們來說是久違的阿嬤滋味，對我而言更是那刻骨銘心的家鄉味。一邊吃一邊在心裡打算著，要把喝不完剩下的湯拿來煮芋頭稀飯，結果一轉眼全被喝光光！

我們台灣的湯品種類多到會把日本人嚇昏的，光是這幾年我在家裡煮的就讓他們大開眼界了，難怪大塚先生曾經對我說，在我還沒來之前，大塚家每天的湯幾乎是味噌湯、味噌湯、味噌湯和……味噌湯。

橫川駅釜飯（知名車站便當

一年四季冷便當

日本米飯令人無法抗拒的另類風味

最初帶著台灣胃來到日本最不能接受的就是冷便當這件事，無論是超商超市裡的各類型便當，還是各地車站賣的當地人氣便當，看起來精緻美觀、菜色豐富、食材也頗為講究，但唯一令人遺憾的就是，它們大部分都是冷的。每當吃起這些冷便當時，不免會想：「要是熱的該有多好啊！」在心裡碎碎唸一番。

說也奇怪，雖然二十年過去了，我當然還是堅持便當熱熱的最好吃，但也不得不佩服日本人將冷便當做到冷也有冷的美味、冷也有冷的絕妙之處，甚至還讓人認為有些食材和料理就是要放冷了才好吃。例如：大塚爺爺從年輕就很喜歡吃的一家「崎陽軒」燒

車站便當

崎陽軒燒賣便當

賣便當，我吃過後竟也愛上他們那冷了依然粒粒分明、口感Q彈的白飯，搭配冷冷的燒賣居然莫名地對味，連他們家的另一款炒飯燒賣便當的炒飯，竟也冷出另類美味的一面。於是我也不得不承認，日本的冷便當之所以可以四季當道，除了日本人本來就有吃冷食的習慣外，他們的冷便當做得真的既具特色又不失美味，才能在競爭激烈的飲食界生存下去。

晶瑩剔透軟硬適中的各種名品米

大家一定會納悶，冷便當裡的飯為什麼還能保持粒粒分明、口感Q彈，這就要從日本的米開始說起。之前說過他們在稻米的改良

培育以及如何煮出晶瑩剔透粒粒分明的白米飯上花了很多心思，也因此來日本吃過這裡米飯的人幾乎都讚不絕口。日本全國各地更有知名的品牌夢幻米，像山形的「つや姫」、青森的「青天の霹靂」、北海道的「ゆめぴりか」、新潟的「越光米」等等，而且還在不斷地進化改良中。這些日本米不僅煮起來柔軟Q彈、軟硬適中、粒粒分明有嚼勁，令人驚喜的是，放冷了依然美味不減、口感不變，還能讓人吃出冷飯的另一種風味。

光是稻米產量第一的新潟縣就出產了好多知名品牌越光米，讓我印象深刻的是，有一年和大塚先生去新潟佐渡島旅行，在溫泉旅

新潟佐渡越光米飯

青森縣的青天の霹靂

新潟縣佐渡的越光米

館吃到當地的越光米時簡直驚為天人。因為佐渡是朱鷺所居住的最後鄉里，當地農民盡量使用最低限度的農藥來保護環境，本來新潟越光米就以美味聞名天下，沒想到佐渡島產的越光米在低汙染環境中成長更是美味又健康。後來我和大塚先生一回到東京，馬上申請家鄉納稅捐獻給佐渡島，他們的回禮就是在這淨土上所培育的越光米，用它來做冷便當也特別好吃喔。

另外我還在新潟買到幫你配好料的各種炊飯便利包，越光米和昆布、吻仔魚、蓮藕、筍乾的組合，越光米的雜穀咖哩風味和紅豆飯等，每一種都粒粒分明自帶甜味，做成飯糰帶便當非常適合；還有

獻給皇家的伊彌彥新米以及只被許可於新潟縣內栽培，在市場上幾乎不流通的紫寶玄米，吃進嘴裡的每一口都可以感受到飯粒飽滿的米香與特有的香甜風味和口感，冷便當裡有這樣的飯我也會搶著吃啊……。

獻給皇家的伊彌彥新米

山形縣的つや姫

越光米

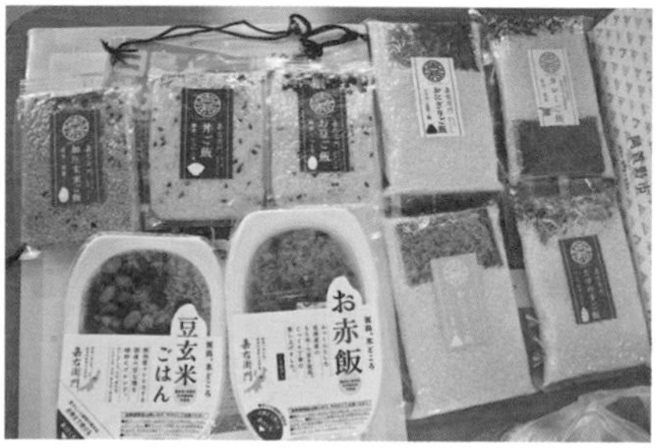

各種風味米便利包

讓美味沉澱冷一會兒更好吃！

接下來要談談日本料理中的冷卻法，以前就常聽大塚先生一邊煮他拿手的關東煮一邊說，他參考料亭師傅們的建議，將煮好的關東煮關火放涼，這個過程可以讓食材的美味慢慢沉澱濃縮在一鍋裡，這就是日式料理經常使用的冷卻法。還有一次我在新潟和一位鄉土料理名人學習手作料理，在那裡也見識到了所謂日式冷菜神奇的美妙滋味。鄉土料理名人也說料理手法中的「冷ます」（冷卻）非常重要，當煮好調味過的食材一旦降低溫度後會將美味沉澱鎖起來，難怪那天我吃到的日式小菜就算是冷的仍美味可口、令人胃口大開。綜觀上述這些原因，也讓我了解便當冷了還可以讓人吃得津津有味是有原理可循的，大家來日本旅行時不妨也買一個品嘗看看，各地車站的名物便當就是個不錯的選擇。

大塚太太的私房話

相信大家都懂家庭「煮婦」有時候就是不想煮飯，這時我就會跑去買便當，日本百貨公司地下美食街的便當區真的很好買，許多知名人氣餐廳和名廚也會推出一些限定便當。就算是附近超市裡也有很多便當選擇，幸運的話還會碰到地方特產展，如全國各地名物便當、受歡迎的鐵道便當……等，都是煮婦們的好幫手，到了接近晚餐時間更會降價出售。每樣便當都做得美美的，通常只要買回家擺好就OK，重點是它們的味道還不錯，家中都不會有人抱怨，有時還期待我去買便當回來呢。

日本超市裡的便當樣式多，是煮婦忙裡偷閒的選擇

大受好評的媽媽牌便當

我的手作便當

想想自己在日本也做了十幾年的便當，從大塚姊姊上幼稚園開始到現在的中學，雖然還要做到她念完高中後，而且後面還有大塚小弟的接力，但每天看著小鬼們放學回家吃光光的便當盒，以及聽到他們說便當好好吃我就很開心了。由於日本學校裡沒有蒸便當的設備，所以大家吃的都是媽媽當天早上做好放到中午的冷便當，為了避免腐壞，當天製作是最安心的方式。

在日本做冷便當有幾個關鍵，首先千萬不要將熱食和冰冷食物放在一起，如果有前一天做好冰在冰箱裡的食物，也一定要加熱後再放到便當盒裡面去。容易腐壞的奶製品也要盡量避免，另外不要太油膩是一大重點，因為油膩的食物放冷後會浮出一層油脂，頗讓人降低食欲的。基本上我會準備保溫飯盒裝熱食，冷食則另外放一盒，因為需要放在室溫下約半天左右，所以建議當天早上現做最保險，雖然這樣很辛苦，但也只好早睡早起囉。

很多日本中學星期六要上半天課，大塚姊弟的學校更是要求必須帶便當，為什麼連半天也要帶便當呢？當初我也很納悶，原來是許多學生會留下來參加社團活動，偶爾學校也會在星期六下午舉辦演講，還有一個很重要的原因是，校方不想讓學生到外面去覓食而群聚逗留，於是想讓學生在校內用餐完後再放人。我也只好在週六繼續爬起來做便當，為了讓小鬼們就算星期六要上學和帶便當，也能感受到一點假日的氣氛，通常我會做一些三明治、漢堡這一類的食物，然後裝在免洗餐盒裡製造出要去野餐的感覺。有一天姊姊放學回家對我說：「媽媽～我們班導師問我便當在哪裡買的，看起來很美味的樣子他也想買一個來吃。」接著姊姊又說：「當我跟老師說這是我媽媽親手做的喔，他很驚訝地說因為看起來很專業，所以有時候會懷疑是買的。」我聽了太震驚了！難道女兒的同學們也有這樣的誤會，然後回去跟他們的媽媽說：「某某某的便當是買的，她媽媽很懶耶！」所以以後我要把便當裝得醜一點，然後在外面貼個字條，上面寫著：手作り HANDMADE BY MOM，不然我虧大了！（笑）

雖然日本人吃冷便當習慣了，但冷颼颼的冬天我實在是看不下去，再加上小鬼們已被我養成了一個台灣胃，到了冬天我都會幫他們準備熱騰騰的便當。這時候保溫效果極佳的保溫悶燒罐就是我的必備工具，還好在日本可以買到效果不錯的保溫便當盒或悶燒罐，原來日本人也是有這方面的需求。有一陣子姊姊迷上帶地瓜粥到學校吃，將煮好一鍋熱騰騰的地瓜粥馬上裝進保溫燜燒罐中，姊姊回家開心地說到中午還是熱騰騰的。當她在教室裡打開時看到熱氣散發出來的煙霧，班上的同學們都非常羨慕她，所以說日本人還是會想吃熱食的啦。只是我在想，把地瓜粥帶到日本中學裡當便當的，我家姊姊可能是第一個吧！（笑）

宛如野餐盒的媽媽牌便當

舌尖上的日本四季美食

把握食材黃金賞味期，春蔬夏鰻秋茸冬鍋

中華料理店的鰻魚炒飯

日本四季分明，春櫻、夏綠、秋楓、冬雪各有不同風情的景觀，對日本人來說，和他們生活最息息相關的，就是隨著四季轉變而帶來的食材變化和飲食習慣。

婆婆的零失敗天婦羅食譜

春季裡紛紛出籠的蔬菜，如竹筍、花菜、蘆筍、春天的高麗菜、新洋蔥和新牛蒡等，讓人不禁想做成酥酥脆脆的天婦羅來享用。天婦羅是我最喜歡的日式料理之一，其中的牛蒡、番薯、舞茸菇、蓮藕和蘆筍，還有洋蔥與蝦子

結合的「かき揚げ」，都是我非常喜愛的天婦羅食材，但炸天婦羅卻一直是我的夢靨。記得剛和大塚先生住在台灣的時候，某一天為了做天婦羅給大塚先生解鄉愁，竟把一個鍋子炸到焦黑差點燒了起來，害我從此不敢再挑戰天婦羅這道菜。可是來到日本後每每看到婆婆炸天婦羅時，總是非常輕鬆愉快、完全不費力，一大盤各式各樣的海鮮蔬菜天婦羅就完成了。

婆婆對我說：「一杯低筋麵粉、一杯水、一顆蛋和一塊冰塊，就可以做出不輸餐廳的天婦羅喔。」於是這幾年來，每次婆婆在炸天婦羅的時候，我都會在旁邊觀摩兼打雜加問東問西，就這樣終於我也能像婆婆一樣，輕輕鬆鬆變出一盤季節食

蔬菜海鮮天婦羅

炸天婦羅的四季食材

材的天婦羅。果然如婆婆說的，一杯低筋麵粉、一杯水、一顆蛋和一塊冰塊，四季的各種食材都可以炸成好吃美味的天婦羅耶！

婆婆說的那句話所指的冰塊是加在麵糊裡專門降溫用的，據說利用溫度差炸出來的天婦羅比較酥脆，料亭裡的師傅大多會用冰水來製造效果，但婆婆發現用冰塊更棒。另外這裡一杯指的是兩百毫升的杯子，只要裝滿一杯的份量就可以了，如果要炸的數量很多，按比例增加即可。此外大家一定會想知道炸完的廢棄油我們都如何處理？日本的百圓商店有賣一種粉末，放進廢油裡面就會變成固態的膠狀，直接丟到垃圾桶裡就好了。

夏鰻秋茸帶來滿滿療癒力

到了夏季日本人有吃鰻魚飯以增加精力減少疲勞，順利度過嚴酷夏日的習慣，據說這是從江戶時期傳承下來的，尤其是「土用の丑の日」（土用丑之日）更是適合吃鰻魚的日子。土用指的是立春、立夏、立秋、立冬前的十八天，如果在這段時間碰到十二干支中的丑日，這一天就是「土用の丑の日」，現今的土用丑日多指夏季之土用丑日。那為什麼這一天要吃鰻魚呢？有一說是因為丑這個字的日文發音開頭是U，剛好跟鰻魚的發音開頭一樣，土用丑之日吃鰻魚的習慣就這樣慢慢演變而來了。這段期間可以看到各店家紛紛推出吸引人的鰻魚料理，連中華料理店也會在炒飯上放一片肉質肥嫩的鰻魚，季節感滿滿。

蒲燒鰻魚

松茸

秋天的番薯、栗子、松茸、銀杏、秋刀魚、柿子、秋鮭和各種菇類等等，每一樣都是激發食欲的旬節食材。每年秋季我們家必吃的奢華好料就是松茸炊飯，松茸被日本譽為菇類之王，那獨特的濃郁香味正適合和米飯一起炊煮，讓秋天的好胃口甚感滿足。記得第一次婆婆煮松茸炊飯時，整間屋子香味四溢，我的肚子也配合著咕咕叫，日本的秋天就是要吃松茸炊飯啊。

此時各大超商也會陸續推出熱騰騰的關東煮，再過不久家家戶戶就會開始吃起火鍋來。

關東煮從濃厚到清淡，各地風味大不同

關東煮之所以叫關東煮據說是關西人給它的稱呼，主要是指將雞蛋、蘿蔔、蒟蒻、海帶結、竹輪等材料放在昆布或鰹魚湯頭裡燉煮的一種熱騰騰料理。最早源自於「味噌田樂」，是一種將豆腐或蒟蒻煮熟後再用甜味噌調味享用，而各地關東煮的做法和食材略有不同，但都是在寒冷的夜晚非常受歡迎的食物。可以在便利商店、路邊攤買來吃，也可以在專門的餐廳裡享用到專業級與高級食材的關東煮。

基本上關東人口味偏濃，湯頭會加入濃口的醬油，所以湯色較深褐；關西人偏好清淡，以昆布柴魚高湯為重點，若要放醬油的話會選擇清淡的薄口醬油。在九州一帶還會加入雞肉和烤飛魚高湯來增加湯頭的濃度，而京都地區則會加入青花魚乾和昆布來凸顯出湯頭的細膩清爽感。除了蔬菜、蒟蒻和魚漿加工類食材外，有時會放入牛筋、肉丸一起煮，讓肉香滲入湯頭增加一些層次感。

我在東北吃到的關東煮感覺高湯裡多了一些甜甜的味道，有可能是東北地區的料理和關東的比起來調味稍微偏甜與濃厚，就像在福島吃到的浪江日式炒麵一樣醬料下得比較重。喝習慣了不帶甜味的關東煮，初嘗東北的關東煮湯頭時，剛喝第一口有點驚訝，但很快地就被它隱藏在後面頗具深度的濃厚層次所魅惑，一口接著一口把裡面豐富的食材通通吃一輪，真是過癮。

還有一次在長崎機場裡吃到關東煮套餐，也被那香濃的烤飛魚湯頭所驚艷，便額外再點了碗用關東煮湯頭煮出來的天婦羅細麵，撒上蔥花的細麵口感清爽卻韻味十足，讓人久久難以忘懷。另外非常有趣的是，本來關東煮裡的「餅巾着」，是指在豆皮裡面包麻糬，但長崎這裡的巾着包的卻是高麗菜卷，而高麗菜卷裡面又包了細粉，入口後是一層接著一層，讓人驚喜不斷，各地喜歡使用的食材不同，也是品嘗日本關東煮的一大樂趣。

螃蟹火鍋

東北的關東煮

河豚火鍋

長崎的關東煮

河豚生魚片

秋天必吃的紫芋甜點

博多大腸鍋

壽喜燒

冬天必吃！
湯頭多樣的特色火鍋

最後要提的是冬天必吃的火鍋，它絕對是家庭主婦的好朋友，因為把食材全部放進去就好！但同樣是火鍋，台灣和日本有什麼不一樣的地方嗎？

日本火鍋湯頭種類繁多，有機會走一趟日本的超市將會發現有各式各樣的火鍋湯底任你選，豆乳鍋、泡菜鍋、味噌鍋、番茄鍋、白湯雞肉鍋、相撲鍋、海鮮鍋、咖哩鍋、豚骨醬油鍋、涮涮鍋、壽喜燒……太多了說不完，而且每年幾乎都有新口味出現。餐廳裡也可以吃到有地方特色的火鍋，如我個人非常喜歡的博多大腸鍋、北海道的石狩鍋，或是特殊食材如河豚鍋、鴨肉鍋、大塚爺爺鍾情的鮟鱇魚海鮮鍋等等。

說到河豚火鍋，一定要跟大家介紹在特別的節日裡我們家喜歡到料亭享用的夢幻虎河豚（とらふぐ）宴席。內容有河豚生魚片、燙河豚魚皮、炸河豚、河豚火鍋，還有最後利用火鍋留下的鮮美湯汁煮成的河豚雜炊（稀飯）。一開場的河豚生魚片絕對味蕾為之驚艷，新鮮的肉質沾上帶有酸味的日式橘醋醬，加上辣味蘿蔔泥，味道非常特別。無論是炸得酥酥脆脆的河豚或是火鍋裡彈力十足的鮮嫩河豚，都是在台灣難得可以吃到的，連日本人也視之為奢華珍味，有機會來日本不妨也安排一場與河豚相遇的饗宴吧。

另外，我個人滿鍾愛的鴨肉鍋，是以吃蕎麥麵時常使用的日式柴魚沾醬汁和水調製出來的湯頭，微微的甜味和濃濃的柴魚風味，將獨特的鴨肉香與頗具咬勁的口感襯托得更出色迷人，最後再放入烏龍麵或蕎麥麵，煮一碗韻味豐厚的麵食當結尾剛剛好。後面的篇章中也會介紹我在日本各地吃到令人難忘的食材和地方火鍋料理，其中的夢幻高級米澤牛壽喜燒和北海道石狩地區道地的石狩鍋等都會隆重登場，讓我們繼續看下去吧。

節慶裡飲食儀式感

過節的氣氛用味蕾來感受

日本的節日和慶典涵蓋範圍非常廣泛，包括慶祝節氣、紀念大自然、敬老、體育、文化、勤勞感謝等各種主題的日子，還有與國家政府相關的紀念日，也有商人們處心積慮經營的情人節及白色情人節。這些年與日本家人相處下來發現，日本人真的很喜歡過節，商人更是會製造節慶商機搶錢，雙方一起營造出過年過節濃厚的儀式感，讓我這個外國媳婦也跟著忙碌起來。

聖誕節的台日PK賽：日本肯德基炸雞VS.台灣香雞排

然而，對我來說，最感到困惑的就是幫大塚先生和小孩們準備情人節巧克力和白色情人節回禮。準備這些禮物時，發現還真是中了商人的奸計。光是巧克力就有很多種，不同的巧克力代表著不同的意義：本命巧克力代表著送給自己心愛的人，義理巧克力代表著送給平時照顧自己的人，朋友巧克力則是送給同性的朋友，而犒賞巧克力則是送給自己。這真的是一個非常坑人的節日啊！

還有每當耶誕節到來，更將日本人喜愛過節的儀式感表露無遺，按照

女兒節的雛人形

日本人的習慣，在這一天會吃肯德基炸雞和草莓鮮奶油蛋糕，我們家也是吃了好幾年。但說真的，我覺得日本的肯德基不太好吃，炸雞外皮總是濕濕軟軟的，但不知為何每到這一天大家都好像約好了一樣，會自動到肯德基去排隊買炸雞。即使，在聖誕夜這一天，肯德基還是一樣的難吃，但卻特別地難買，這是我這個外國媳婦最不能理解的地方。

因此，某年的聖誕夜前一天，我故意先醃好了香雞排，讓五香粉、蒜末、白胡椒、檸檬汁和鹽入味，並加入了兩種醬油：日本醬油和台灣醬油膏，再加一顆全蛋沾地瓜粉，炸出一盤酥酥脆脆的。當香噴噴的香雞排上場時，所有的人都慶幸著還好沒去買肯德基，日本的肯德基怎能跟我們台灣的香雞排比呢？我家大塚爺爺吃完後很認真地說：「日本的聖誕夜應該改吃香雞排才對！我們家以後每年就來吃香雞排過聖誕節吧！」至於，草莓鮮奶油蛋糕，我們留在後面專門介紹蛋糕的篇章來慢慢說囉。

跟女兒一起手作情人節餅乾

滿是祝福喜氣的年菜，可惜得冷冷地吃

接著要分享台日年節料理大不同，過年在台灣吃大魚大肉和熱騰騰的圍爐火鍋似乎是一般普遍的印象，然而在美食眾多的日本，各位是不是很期待在新年時會有什麼更棒的傳統料理出現呢？答案可能要讓大家失望了，因為第一次在日本過年的我，跟著婆家一起度過後，只有一個感想：什麼！過年的傳統年菜竟是冷冰冰的！

大年初一吃的冷冰冰的傳統年菜（おせち料理），是用一層一層精美的四方形漆器「重箱」來盛裝，裡面再分格放入各種當季的食材和具有意義的料理。大致來說，「海老」蝦子長長的觸鬚和彎曲的身體是長壽的象徵，「數の子」醃漬鯡魚卵有子孫繁榮的意思，「田作り」沙丁魚做成的料理代表豐盛，「栗きんとん」栗金団猶如黃金色的甜栗子泥可以招金運，「紅白かまぼこ」紅白魚板的紅白兩色是代表祝賀的顏色，「黑豆」意味著健康，「昆布卷」是家庭幸福子孫繁榮，「伊達卷」有文化昌盛的意思，「蓮藕」則是希望能預見將來。

每到年關將近，各大百貨公司、超市賣場和餐廳等等都會提供おせち料理的預約，一套美美的おせち料理從幾千至幾萬日幣都有。每次看到製作精美、食材豪華、顏色豐富的おせち料理，都會讓人停下腳步多看幾眼。但只有一點是身為台灣人的我覺得比較可惜的，那就是おせち料理都是事先做好放在冰箱裡冷冰冰的，這是因為可以讓家庭主婦在過年期間可以休息一下不用開伙，雖然是體貼家庭主婦，但我還是希望可以吃到熱食啊……

記得第一次吃到おせち料理是在日本的第一個寒冷年初一早上，看著顏色漂亮豐富的おせち料理，滿心期待地吃了幾口後，筷子慢慢停了下來。直到另一道日本新年也會吃的「お雜煮」（一種鹹的年糕湯）出現後，才拯救了我這個渴望熱食的台灣魂。但只是這個在一餐內吃不完的おせち料理，會不斷地在接下來的午餐及晚餐中和其他料理一起出現，而且千萬別想加熱，就像西餐裡的冷湯就是要冷冷的喝一樣，若想拿去加熱一定會被白眼。如果有機會在日本過年時品嘗這道年節料理，就會跟我一樣有種好想搭配一鍋火鍋的心情了。

日本的年節料理

女兒節男兒節慶賀點心大不同

慶祝小孩成長的節日也是一個非常重要的儀式，三月三日是慶祝女兒幸福平安的女兒節，五月五日則是慶祝兒子健康勇壯的兒童節（男兒節）。每年我都必須把女兒的雛人形和兒子的かぶと（冑、頭盔），從收納箱裡面請出來，此儀式對我這個外國娘親來說已經駕輕就熟了。除此之外，還要準備應景的點心，給雛人形的主要是彩色米果、粉紅、白和綠色相間的菱餅、櫻餅、以及各種與女兒節相關形狀的糖果。用柏葉包裹的紅豆麻糬「柏餅」、日式甜粽、與かぶと相關的仙貝、和菓子……就是屬於男兒節的慶賀點心了。

這段時間，各大賣場也會推出許多精緻商品，讓人眼花撩亂、流連忘返。以前有過買太多吃不完太可惜的情況發生，所以後來我們家的吃貨們說好一人只能買一樣。但總是有人不守規定，例如：我家婆婆說三點SET是一樣，那就算了；那位大塚爺爺會用追加的方式在當天加買手工和菓子「練り切り」。爺爺說：「女兒節怎能沒有漂亮的和菓子呢？而且不能買一個，一定要買一對！」婆婆則回他：「拜託你別搶走太多我的工作好嗎？」然後他們又開始討論，等一下要不要去買一個蛋糕回家慶祝。作為外國娘親我只能在一旁看戲，看著看著終於悟出了一個道理，女兒節和兒童節除了是慶祝小孩成長的喜悅之外，也是讓家中長輩有替愛孫付出的機會，他們有事做才會開心，然後日本商人們也跟著開心，日本的經濟才會繁榮（笑）。

所以啊！這些日本人過年過節用美食營造出來的節慶儀式感，是拯救日本經濟的一大助力啊，就讓他們繼續在濃濃的節慶中過下去吧……

女兒節的和菓子

女兒節的櫻餅

男兒節的かぶと兜

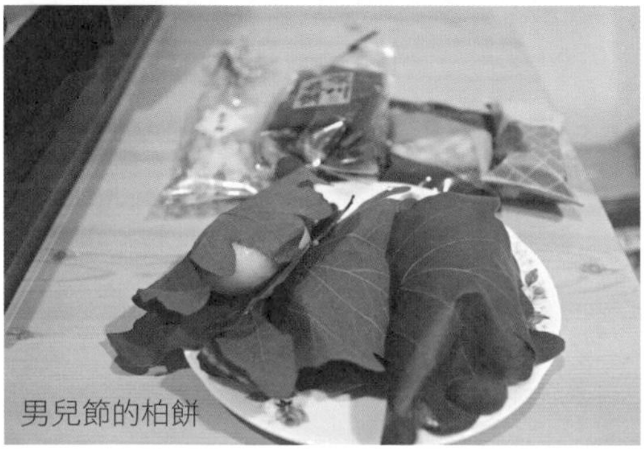
男兒節的柏餅

生蛋拌飯

日本國民美食的終極美味之道

生蛋拌飯

日本是一個生食文化興盛的國家，舉凡生魚片、生牛肉、生馬肉、生蛋拌飯等都頗受人民歡迎，當我來到日本先被嚇到後來卻習慣的事很多，其中有一樣就是生蛋拌飯。然而說也奇怪，當我漸漸知道雞蛋在日本的品質有其嚴謹的管理和保障後，對於生蛋拌飯這種飲食習慣不僅見怪不怪，甚至還能品嘗享受其中的滋味；因為不吃還好，一吃竟然被它奇妙的魅力吸引，現在還會特地去尋找新鮮美味的夢幻雞蛋來與白飯搭配。

記得有幾次在溫泉旅館

晚餐或早餐吃到飽的餐台上，看到了生蛋拌飯的區域，餐台上放了幾個知名的當地品牌雞蛋讓住客自由選擇，令人印象深刻。其實除了生蛋拌飯會用到鮮美的生蛋外，壽喜燒的蛋汁沾醬、雞肉串燒丸子的沾料、一些日式料理的搭配等等，都會採用新鮮的生雞蛋直接生吃。

於是這篇文章將要介紹大家日本全國有哪些夢幻雞蛋，甚至還有專門為生蛋拌飯而存在的特製醬油喔，看了會讓你大開眼界的！

帶著職人精神的生蛋拌飯研究所

在日本生蛋拌飯又被暱稱為ＴＫＧ（卵かけごはん Tamago Kake Gohan的縮寫），可說是大人小孩都喜歡

夢幻雞蛋屋臨時販賣會場

幻雞蛋選購樣本盒

的國民美食之一，而且還有個一般財團法人成立的「日本生蛋拌飯研究所」。這個研究所成立的主旨就是為了追求讓生蛋拌飯更美味的秘訣，像是舉辦如何製造終極美味生蛋拌飯的活動、傳播日本飲食文化的情報、利用美食的力量讓世界認識生蛋拌飯的魅力，都是「日本生蛋拌飯研究所」的工作。希望藉此可以協助相關的生產者與農民以及振興日本各地的當地物產，最後普及日本的飲食文化，有種神聖使命的感覺。

在「日本生蛋拌飯研究所」的營運下有一個夢幻雞蛋屋（幻の卵屋さん），將全日本北從北海道、南到沖繩，大約有九十種各類品牌的夢幻雞蛋一個一個精心挑選出來，每

天直接從各地的雞蛋生產者手上嚴選新鮮雞蛋出來販賣，可說是一個日本全國夢幻雞蛋的大集合。

某天剛好有一個機會讓我遇到了夢幻雞蛋屋（幻の卵屋さん）在東京晴空塔美食街二樓的臨時販賣會，在會場排列了許多由日本各地嚴選出來的夢幻品牌雞蛋。沒想到現場竟然能與平常不易見到的各地稀有夢幻雞蛋相遇，當然一定要帶回家慢慢享用才對，接下來就讓我們一起來看看有哪些是一生可能都遇不到的稀有夢幻雞蛋囉！

販賣會現場提供一個盒子可以挑選六顆夢幻雞蛋，雖然沒有限定一個人可以買幾個盒子，但卻有限定某些雞蛋一個人最多只能買一顆。

兵庫縣產的「夢王」

日本全國夢幻雞蛋販賣會

為了怕民眾不知如何選購，店家提供了推薦的樣本盒，裡面有富山縣產的「品嘗日本海雞蛋」，據說風味宛如在吃海鮮一樣，撒一點鹽就很鮮美了；還有很適合第一次吃生蛋拌飯的「北海道健康雞蛋」、蛋黃比較大顆的「大阪能勢雞蛋」、呈現淡黃檸檬色的「北海道米豔雞蛋」、兵庫縣產採自由飼養的「播州地雞蛋」、富山縣產由專門餵食酒粕飼養的雞所下的「ちどりたまご（地雞蛋）」等，都是夢幻雞蛋屋大力推薦的品牌。如果不知道如何在眾多雞蛋中選擇的話，可以參考這個樣本盒來選購。無論選哪一種雞蛋組合，每一盒大約是九百日幣含稅。

限購一顆的 Premium 級美味

我首先選的是蛋黃呈現淡淡黃色的「北海道米豔雞蛋」，因為從來沒有看過這麼淺色的蛋黃，吃起來果然非常清爽，建議只要加一點點的醬油就好。米豔雞蛋的蛋黃之所以像檸檬般的淡黃色，據說跟雞飼料有很大的關係，農家餵食的 99.8% 都是食物原料而不是加工過的飼料。其中又以米和魚粉為主，用北海道大自然的農作物和海產為食物所生下來的雞蛋就是米豔檸檬黃的自然來源。

接著是一個人只能購買一顆兵庫縣產「日本一」的嚴選雞蛋，榮獲第一次生蛋拌飯祭典中的優勝獎，也是高級旅館和米其林餐廳推薦的夢幻雞蛋，有著濃厚的雞蛋香與滑嫩口感，果然讓人一吃難忘。還有一個也是限定每人只能買一顆的愛知縣產「名古屋コーチン」雞蛋，是日本三大地雞之一的名古屋地雞最高級逸品。果然有濃豔的蛋黃色澤與濃郁的滋味，只要加一點點醬油和白飯拌勻吃進嘴裡就能感受到生蛋拌飯最純粹美味的精髓所在，此時真慶幸自己來到日本認識了生蛋拌飯這種獨特卻具有魅力的吃法。

再來則是兵庫縣產的「夢王」，可說是夢幻中的夢幻，第二回和第三回的生蛋拌飯祭典優勝都是它，簡直就是 Super Premium ！雞的飼料主要是艾草、海草、大蒜、綠茶、紅椒、唐辛子、桑和梅醋等，天然成分由來的紅色素造就了濃厚豔麗的蛋黃，無論是色澤、蛋香、濃厚、滑嫩、黏稠度等都有壓倒性的優異表現，吃上一口就感動了。

另外經常出現在甜點食材裡的茨城縣產「Premium 奧久慈」，據說是一般人不可能購入的高品質雞蛋，竟然也在這裡被我遇到了，當然立刻帶回家享用。拿來加一點醬油和柴魚片顯得別具風味，是一款在各方面都呈現黃金平衡的優秀雞蛋，難怪是蛋糕甜點業者青睞的愛用品。最後一個是富山縣產專門餵食酒粕飼養的地雞蛋，微甜的甘味與柔和順滑的口感讓生蛋拌飯有一種幸福的滋味。

現場還有販售世界上最適合生蛋拌飯的醬油，竟然也有用夢幻雞蛋做成的數量限定夢幻長崎蛋糕，對於不方便品嘗雞蛋拌飯的旅人來說，可以入手這些夢幻商品回去當伴手禮。以上夢幻雞蛋屋的期間限定販賣會是我在晴空塔遇到的，他們會不定期出現在各地的各大賣場中，可以事先查閱官網。

百年天然醬油專賣店

說到適合生蛋拌飯的醬油，這裡要順便介紹一間充滿歷史感的天然釀造醬油專賣店「有田屋」，天寶三年（一八三二年）於上州安中創業以來已有近兩百年的歷史了。他們家頗具人氣的商品就是那知名美味專門為生蛋拌飯製作的醬油，另外還有奶油拌飯醬油，有了這兩瓶可以多吃好幾碗飯呢！無論是雞蛋拌飯或奶油拌飯，這兩者美味的關鍵都需要優秀的醬油，純良精緻且種類繁多是日本醬油吸引人的地方，更何況還有為專一目的去製作的醬油，這種極致的職人精神令人佩服。

有田屋除了有各式各樣的醬油和相關醬料外，另外讓人驚喜的是利用醬油竟然也可以做出好多種點心，有甜醬油糰子、醬油餅乾、醬油甜甜圈、醬油瑪德蓮、醬油糖果……等等，好想通通品嘗一遍啊！只可惜我想購入的人氣醬油蛋糕卷賣完了，只好告訴自己，遺憾是下一次的期待，找機會再回來圓夢吧！

大塚太太推薦的美食資訊

幻の卵屋さん

https://www.japan-tkg.jp/phantomeggshop

更多夢幻雞蛋屋精心挑選的其他夢幻品牌雞蛋可以在這裡看到：

https://www.japan-tkg.jp/a1

晴空塔

https://www.japan-tkg.jp/phantomeggshop

有田屋

群馬県安中市安中 2-4-24

10:00 ～ 17:00（定休日週一和國定假日）

http://www.aritaya.com/

北海道米豐雞蛋

山藥泥的魔法

不只冷熱皆宜，
還讓料理美味更升級

山藥泥麥飯

山藥既是藥材也是食材，台日兩地都視之為對身體健康有益的好東西，本草綱目中提及山藥的功效有：「益腎氣，健脾胃，止瀉痢，化痰涎，潤皮毛。」但也不建議為了多多益善而吃太多，飲食均衡才是王道。台日兩地的山藥種類不同，山藥的料理方式也不太一樣，台灣主要拿來燉湯、熱炒或製作糕餅，日本則會拿來磨成泥生吃或加入料理中，另外製作成沙拉和甜點也很常見。這篇文章將要介紹在日本山藥泥的主要吃法和料理方式，有很多食物在加了山藥泥後竟然別有一番獨特的美味與口感，就好像具有魔法一樣，相信大家也會想試試看的。

口感清爽，健康指數高的山藥泥麥飯

山藥泥麥飯是我在日本愛上的美食之一，這道自古以來被視為健康美食的山藥泥麥飯在台灣並不常見。它的滑嫩清爽口感和高評價的健康指數深受日本人的推崇，吃過的人很可能會愛上它的魅力。我記得剛開始經常叫大塚先生帶我去門前仲町的老鋪「三河」品嘗山藥泥定食，他們的山藥泥麥飯、綜合生魚片和豆腐田樂是我的最愛。後來，我們發現在淺草有一家傳統日式餐廳提供山藥泥麥飯加日式小菜吃到飽，從此我們經常光顧那裡。

淺草的山藥泥麥飯老鋪「淺草むぎとろ」客人大多是日本饕客。他們提供的午餐只要一千五百日幣（含稅），就可以吃到山藥泥麥飯和日式小菜吃到飽，但要注意的是只有在平日的十一點至下午二點半提供，此時店門口經常有人排隊，建議早點去排第一輪比較保險。

入座後，就可以到餐台上自行取用山藥泥麥飯和日式小菜。一大桶熱騰騰的麥飯粒粒分明，散發著淡雅的麥香，每一顆又大又飽滿，吃起來也非常有咬勁和彈性。接著淋上店家自豪的山藥泥，用湯匙舀起來的一瞬間，可以感受到它優異的黏稠度。只有上等品質的新鮮山藥才能呈現出如此濃稠又紮實的綿密與彈力。店家採用國產高黏稠度的大和芋，再加上香醇高雅的鰹魚高湯及秘傳調味手法，與麥飯拌勻後一起食用，細緻柔和的山藥泥與飽滿彈牙的麥飯共譜出一種奇妙的口感與溫和頗具韻味的日式風情。一口接著一口，竟然可以吃下好幾碗呢！

除了山藥泥麥飯外，他們的日式小菜以內斂的調味方式將素材的原汁原味顯露無遺，呈現日本料理清淡卻韻味無窮的魅力。和主角山藥泥麥飯搭配得剛剛好，合作無間，非常適合山藥泥麥飯的愛好者。

另一間我們家喜歡的牛舌定食餐廳「ねぎし」也是可以吃到山藥泥麥飯的好地方，這間牛舌專賣店是首度將仙台的下酒菜牛舌與山藥泥麥飯結合變成定食的第一間店鋪，一號店成立於一九八一年的新宿歌舞伎町一帶。由於牛舌本來就是非常適合一邊喝酒一邊享用的料理，因此最初設立在新宿歌舞伎町正吻合那裡的需求。雖然一開始以男性酒客居多，後來店家在定番的牛舌套餐組合中多增加了具有健康概念的山藥泥麥飯後，也吸引了許多女性客人的關注。

如今大多牛舌專賣店幾乎都會提供山藥泥麥飯，據說就是來自於ねぎし的點子，除了牛舌外，店裡還提供各種不同肉類與部位的日式燒肉菜單，選擇豐富又具彈性。現在在東京及其近郊已有數十間分店，可說是一個頗受歡迎的牛舌燒烤連鎖餐廳。喜歡山藥泥麥飯和牛舌組合的朋友們，下次來東京旅遊時別錯過它囉。

ねぎし牛舌定食

山藥泥版雪見鍋

山藥泥蕎麥麵

冷熱皆宜的山藥泥，從涼麵到火鍋怎麼搭都好吃

除了在麥飯上面淋上山藥泥的吃法頗受歡迎外，日本人也會在日式涼麵的柴魚沾醬裡加入山藥泥以增加清爽滑嫩的口感。涼麵的種類大致有素麵、蕎麥麵和烏龍麵，有些還有特殊的口味如抹茶蕎麵、梅子素麵等。基本上關西的沾醬清淡顏色較淺，關東則口味偏重顏色較濃郁，我們家最喜歡的吃法是在沾醬中加入大量的山藥泥，讓涼麵更順滑地滑進嘴裡，嘗起來十分清爽。另外也可以煮一碗熱騰騰的蕎麥麵或烏龍麵，再加入山藥泥就變成了溫熱版的吃法。很多人滿喜歡當山藥泥與麵條纏繞在一起入口時的黏稠滑順感，以及最後留在湯汁裡面的綿密勾芡滋味，讓人想全部喝光光。還有在山藥泥中放入幾片鮪魚生魚片，再加一點點醬油拌勻，也是我們家餐桌上經常出現的山藥泥美食，爽口順滑就是它最受歡迎的地方。

其實這個山藥泥也可以加熱來吃，風味和口感又變得不太一樣，例如：在日本各式各樣的火鍋中，山藥泥版的「雪見鍋」就是一個。我們家做的雪見鍋，裡面的主角除了山藥泥外還有鮮嫩鴨肉，可以先將厚切片鴨肉燒烤得香噴噴時，放進柴魚醬汁湯頭裡面讓油脂和香味融入其中，也可以準備一盤鮮嫩的鴨肉片直接放進火鍋裡煮。接著將蔥片切得細細的、白蘿蔔片切得薄薄的，為得是容易吸收湯汁而更入味。當全部的食材都放進去後，最上面淋上一層山藥泥就是雪見鍋名字的由來，像大地覆上一層白雪的意思。其實最常見的雪見鍋是用白蘿蔔泥做成的，兩種都各有千秋、各具風味。個人覺得山藥泥煮過後有一種溫潤綿密的口感，與熱熱的鴨肉湯頭一起吃進嘴裡，把冬天渴望溫暖的身心都加熱沸騰起來了，吃的時候也可以加一些七味粉來增加湯頭的層次感。

大阪燒裡的秘密武器

山藥泥的魔法還可以體現在其他料理上，例如我家婆婆是道地的東京人，東京的地方料理應該是文字燒，但婆婆的大阪燒好吃到吃幾片都吃不膩，因為她有一個秘訣，加了一樣東西整個大阪燒就變得鬆軟綿密，連大阪人都說道地。這個祕訣就是在大阪燒麵糊裡加入山藥泥，任誰來做都不敗喔。後來發現我們家愛用的「茅乃舍」，他們推出的一款大阪限定大阪燒便利包，採用特製高湯粉製作而成，強調裡面多加了山芋，也就是和我家婆婆加山藥泥一樣的意思，做出來的大阪燒特別綿密細緻、鬆軟好吃。

我們將這個原理更發揮到鬆餅糊的製作過程裡，心想同樣都是麵糊，如果在鬆餅麵糊裏多加了山藥泥，應該也有異曲同工的效果吧。結果有一天我和大塚姊姊就將這個假設給實現了，在市販的鬆餅粉裡加了該有的牛奶和雞蛋後，又追加了一大瓢的山藥泥，果然煎出來的鬆餅多了幾分滑嫩鬆軟的口感。山藥泥真的有魔法耶，不禁讓人想在古早味蛋餅皮裡也加個山藥泥看看……。

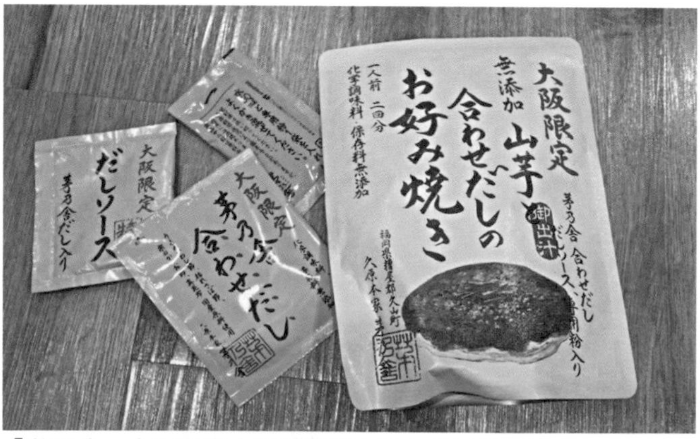

「茅乃舍」大阪限定大阪燒便利包也加了山藥泥

浅草むぎとろ

山藥泥麥飯＋日式小菜吃到飽

加了山藥泥的大阪燒

大塚太太推薦的美食資訊

浅草むぎとろ

東京都台東区雷門 2-2-4

平日 11:00 ～ 16:00

17:00 ～ 22:30

假日 11:00 ～ 22:30

https://www.mugitoro.co.jp/honten/

ねぎし

東京都新宿区西新宿 1-6-1 新宿エルタワー B2

10:30 ～ 22:00

http://www.negishi.co.jp/

とうふ処
小川家
とうふ処
小川家
営業中

CHAPTER 2

| 稀有珍貴的星級夢幻美食 |

來到日本後，愛上的食物很多，也有機會品嘗到許多星級夢幻且稀有的美食。有些是日本婆家介紹給我的，有些是在旅遊時幸運遇到的，還有一些是到日本各地採訪時當地的觀光單位特地安排的。無論如何，當大家看這一章節時，請小心服用，我怕接下來要出場的美食太誘人，恐怕會邊看邊流口水，愈看愈餓，建議先填飽肚子再來看囉。

認識日本夢幻和牛

無肉不歡者必看的逸品

北海道和牛

日本和牛之所以享譽國際，讓人無法抗拒，除了飼養者像職人一樣的精心培育外，還包括對牛的出身、血統和血緣的追蹤，以及品牌建立和等級規劃的高規格處理等，無疑都是成就和牛珍貴美味的重要關鍵。無論是號稱日本三大和牛的神戶牛、松阪牛、近江牛或米澤牛，還是饕客們夢寐以求經過嚴格檢驗後所認證的和牛品牌（銘柄），也就是宮崎牛、佐賀牛、飛驒牛、山形牛等這些冠上地名的和牛，都是日本各地用心經營下誕生的自豪代表，大家若有機會遇到，請不要錯過啊。

除了在高級和牛專賣店或餐廳品嘗，這些銘柄和牛還可以通過參加向家鄉納稅的活動取得，我們家就常利用「家鄉納稅制度」（ふるさと納稅）的管道入手，這項制度在後面的章節會詳細介紹。記得第一次申請時我們就選擇了經常在故鄉納稅中上榜前三名人氣回禮的宮崎牛和佐賀牛，其中佐賀縣嬉野市的和牛在過去的紀錄中常常還是第一名喔。拿來當壽喜燒的主角是最適合的，在鍋中涮個兩三下馬上拿起來沾蛋汁，在香濃醬汁與清爽蛋液絕妙的平衡下太美妙了！

北海道江別鄉土自豪的えぞ但馬牛

號稱日本三大和牛中的神戶牛，是全世界聞名的夢幻品種，根據神戶肉流通推進協議會的定義，神戶牛是出產於日本兵庫縣的但馬牛肉。但馬牛是和牛的稀有品種，飼養方式獨特，許多知名品牌的和牛血緣幾乎都源於但馬牛，其肉質所呈現的大理石紋理是美味鮮嫩的象徵。記得有一年在北海道江別，一間唯一可以吃到稀少夢幻但馬牛的餐廳「炭火焼き肉翔」，遇到了和神戶牛有著同樣高級血統的「蝦夷（えぞ）但馬牛」，那一天的和牛饗宴至今仍令人難忘。

在江別豐沃大自然培育下生長的但馬牛，又稱為蝦夷但馬牛」，擁有美麗的外觀、精壯的神態與優異的肉質，可說是江別鄉土自豪的寶物和牛！店家說，由於蝦夷但馬牛的數量非常稀少，在北海道只有札幌和江別各一間餐廳可以吃得到。這次非常幸運有五種部位的夢幻蝦夷但馬牛可以品嘗，絕對會是一生難忘的滋味。看到那色澤超美的高級牛五花（上カルビ）、霜降牛臀肉（ラン）和厚切里肌肉（ロース）出場時已經尖叫聲連連了，再看到那肩胛骨內側的嫩肩里肌肉（ザブトン）和稀有臀蓋肉（イチボ）簡直瞳孔地震！

臀蓋肉屬於臀部上方的肉，精實的肉質和豐沛的油花分布配合得恰到好處，是許多饕客喜愛的地方，嫩肩里肌肉則擁有絕妙的油花分布，吃起來清爽不油膩卻韻味猶存。眼前的這一幕太美太亮眼，差點亮瞎了我的雙眼，這精緻細膩的油花分

えぞ（蝦夷）但馬牛各部位

えぞ（蝦夷）但馬牛燒烤

布在粉紅鮮嫩的肉片上，放到炭火上一烤馬上香氣四溢，大家的口水早已流滿地。這一餐吃下來全程毫無冷場，都是但馬牛各種部位的輪流上陣，當場忘了自己身在何方，如此美妙的滋味可能只有在夢境裡才會出現吧！

經過嚴格身分認證的米澤牛

米澤牛也是日本三大和牛之一，我是在山形車站附近的「米沢牛の案山子」米澤牛專賣店吃到的。店裡的中午套餐價格合理又能滿足饕客們的味蕾。能夠稱為米澤牛的牛肉有很嚴格的條件，是非常不容易。首先飼育者必須是米澤牛銘柄推進協會所認定的；牛肉的種類必須是米澤市產黑毛和牛且沒有生產過的母牛，生後年齡必須達到三十二個月以上。此外，還要由公益社團法人日本食肉格付協會認定為三等級以上的外觀且肉質和脂質優等以上，因此米澤牛可說是牛肉界中的夢幻逸品！

於是我們一口氣幾乎點了菜單上所有的料理，有米澤牛牛排丼、米澤牛牛五花定食、米澤牛沙朗定食、米澤牛菲力定食、米澤牛壽喜燒和米澤牛握壽司，簡直就是人間至福！

送上來的米澤牛握壽司經過工作人員用噴射火焰燒烤後，此時牛肉上方的油脂與焦香和壽司米交融在一起，送進嘴裡的那一刻就可以了解，如果不是柔軟至極超高水準的肉質，才不會有這種在嘴裡慢慢融化卻留下無限鮮美香氣的餘韻，非常輕盈，多吃幾個都不會膩。

接下來，各部位的牛肉經過燒烤後沾上微甜的醬汁，再搭上白米飯實在是絕配，精實的肉質與細膩的油花結合在一起，每一口都讓人回味無窮。大家一邊吃一邊讚嘆連連。

最後，壓軸的是米澤牛的壽喜燒。壽喜燒好吃的三大要素是牛肉的品質、蛋的鮮度和醬汁的香醇與恰好的甜度。而這次吃到的壽喜燒已經超越這個基本原則數倍之多！把牛肉放進鍋中稍微涮個兩三下，在剛剛好快熟的時候拿起來，放進新鮮的蛋汁裡，柔和的蛋汁和帶著甜味的醬汁之間有一種互相襯托的特效，再搭配著白飯一起吃，真是人間美味！

米澤牛握壽司

米澤牛牛五花

山形牛與飛彈牛兩大絕品牛肉

既然提到山形，當然也要介紹在日本和牛界上占有一席之地的山形牛。我記得在上山溫泉的一間旅館晚餐吃到的山形牛，色澤粉嫩、油花分布得非常漂亮，用陶板熱烤後，稍微沾點醬汁，那鮮嫩的肉色猶讓人難以忘懷。吃進嘴裡馬上感受到山形牛肉質和油脂的絕妙平衡，且肉質鮮美柔軟，一邊咬一邊就在口中融化了，融合後，還韻味猶存、口齒留香呢。

而來到岐阜又怎能錯過這裡知名的絕品銘柄——飛驒牛呢？介紹一間讓大塚先生和我都很滿意的燒肉店「焼肉のだいこく家」。這家燒肉店採類似包廂式的用餐空間，十分舒適寬敞，更重要的是他們的燒肉品質超級優秀，尤其是店家引以為傲的飛驒牛。店長說，由於店鋪本身也經營肉店，因此可以新鮮進貨、嚴控品質。

我們迫不及待點了一份飛驒牛拼盤，裡面有經典必吃的牛五花肉、特上等牛五花、口感紮實的大腿肉，以及夢幻稀少靠近骨頭部位的上膀肉。從這些肉質的油花分布就能看出，燒烤出來一定是肉汁豐沛、香氣逼人！此外，我們還點了一份飛驒牛的壺醃牛五花（壺漬けカルビ），這道料理是將牛五花放進一個壺罐裡面，再用自家特製的醬料醃漬起來，通常口味比較濃厚入味，吃起來非常過癮。

焼肉のだいこく家

飛驒牛的上等里肌肉

大塚先生開心地烤著肉，他說要好好品嘗飛驒牛的美好滋味，所以沒有點其他多餘的菜，連白飯也沒有，只有飛驒牛純粹的享受。果然，不同部位的肉有著不同的肉質與彈性，口感也有著不同層次的變化，有時沾著醬汁、有時搭配店家附上的山葵泥醬料一起入口，各有不同的風味。我們吃得非常入神，後來還追加了飛驒牛的上等里肌肉（ロース），這是馬背部上方的部位，上等里肌肉油脂分布均勻，口感滑嫩，與帶點甜味的烤肉醬或山葵泥醬料結合在一起非常順口。尤其是，如此親民的價格在東京是絕對吃不到的，更何況是絕品銘柄飛驒牛！大塚先生當場決定回家後要從網路上訂購他們家肉店的飛驒牛，在家裡自己燒烤，我也十分期待中……。

此外，我曾在北海道品嘗過數量極為有限的——夢幻白老和牛。名稱是從地名白老而來的，其實是一種黑毛和牛，是在北海道大地的恩惠和生產者精心養育下成長的，可說是北海道的一個極致之作。另外，在日本滑雪單板金牌得主平野步夢選手的老家——新潟縣村上市，我吃到當地名物「村上牛」；在日本最古老溫泉記號的發源地——安中市吃到「上州和牛」，還在茨城縣吃到「常陸牛」……這些也都是很值得品嘗的牛肉名產。

日本各地的和牛，非常精彩，都是當地飼養者秉持著職人精神細心呵護出來的，大家一定要把握來日本品嘗這些極致美味的機會喔。

茨城縣的常陸牛

群馬縣的上州牛

大塚太太推薦的美食資訊

炭火焼き肉 翔

北海道江別市野幌町 66-11

16：00 ～ 22：00（週一公休）

http://yakinikusho.dreamlog.jp/

焼肉のだいこく家

岐阜県郡上市大和町剣 258-1

17:00 ～ 22:30

http://www.yakinikudaikokuya.jp/

米沢牛の案山子

山形市香澄町一丁目 16-34 東口交通中心 2 F

午餐 11:00 ～ 15:30

晚餐 17:00 ～ 21:00

http://www.kakashi.tv/

與絕品牛舌相遇

牛舌的多重宇宙

厚切牛舌

牛舌是我來日本後才接觸的美食，記得第一次在燒肉店裡吃到時就深深愛上了！其實牛舌還可以依照部位細分為舌尖（タン先）、舌中（タンナカ）和舌根（タンモト），或是依照吃法再細分為上等鹽味牛舌（上タン塩）、厚切牛舌（厚切りタン）、涮牛舌（タンシャブ）、蔥花鹽牛舌（ネギ塩タン）等，建議來日本旅遊的朋友們都可以品嘗看看，相信你會喜歡。

其中涮牛舌因為切得非常細薄，只要在火上稍微烤一下就好，就像在火鍋涮牛肉一樣，避免烤過熟。此外，厚切牛舌和蔥花鹽牛舌頗具人氣，對於牛舌最受人喜愛之處應該就是其特殊的咬勁，厚切牛舌更是將此特色展現得淋漓盡致。基本上牛舌最常見的吃法便是沾檸檬汁吃，但是店裡如果有提供蔥花鹽的吃法，請一定要試試看，一吃會上癮的喔。例如「敘々苑」的蔥花鹽牛舌是我們家每次去必點的菜色，一片片厚切鮮嫩牛舌包著特製調味的蔥花，燒烤起來特別具有風味，吃過後會被它絕妙的蔥花鹽味所征服！

東西合璧的牛舌料理

據說在仙台，牛舌原本是一種下酒菜，但漸漸地發展成為搭配麥飯、山藥泥、牛尾湯和醃漬小菜的人氣牛舌定食。在仙台市區的各個角落都可以找到美味的牛舌餐廳，在這裡要介紹的是在仙台車站及其附近就能吃到的絕品牛舌。其中的西洋風味吃法和超級霸氣的厚切片吃法，至今仍讓我念念不忘！

在仙台車站東館三樓的美食街，我嘗到了一種讓人印象深刻的西洋風味牛舌，這種牛舌是由人氣牛舌餐廳「利久」所提供的，但它不同於大家所熟知的連鎖牛舌店「利久」，而是旗下開設的一家義大利風格牛舌餐廳「利久のイタリアCUCINA」。店內的設計風格完全脫離了「利久」本來的和風設計，更像是一間介於西式美食和酒吧之間的餐廳，非常新穎。不僅外觀讓人眼睛一亮，菜單也非常有趣。

店內提供各種西式料理與牛舌的組合，包括牛舌咖哩飯、紅酒燉牛舌、牛舌焗烤飯等，每一種菜色都會附上兩大片燒烤牛舌、醃漬小菜、清爽沙拉和牛尾湯，讓人一次享用到牛舌的傳統風味與西式料理的結合。此外，人氣十足的波隆那肉醬義大利麵也是不容錯過的美味，它採用了利久自豪的牛舌和仙台牛燒烤牛肉的組合，上面再淋上香郁濃稠的起司，食材華麗創新。如果你想要品嘗更多不同的美食，可以選擇豪華豐盛的套餐，從沙拉、前菜、義大利麵、燒烤牛舌到甜點都是一種和洋並存的跨國際吃法，絕對能滿足你的味蕾。

最後我點了一份One Plate拼盤料理，其中西式蔬菜湯裡添加了牛尾，搭配多種蔬菜一起入湯，味道十分新鮮。沙拉上鋪滿了酥脆的炸蔬菜片，有紫薯、番薯、南瓜等，還有一片法式鹹餅，配上其他的醃漬小菜，整個拼盤散發著濃郁的東西合璧風味。對於想要嚐試不同牛舌料理的人來說，「利久のイタリアCUCINA」是一個值得推薦的地方。

利久のイタリア CUCINA

One Plate 拼盤牛舌料理

西式牛尾湯

仙台必吃的道地牛舌餐廳

很幸運的是，我在 Instagram 上分享我的仙台旅遊照片時，一位曾在仙台居住的網友馬上向我介紹了一家道地的牛舌餐廳。起初她推薦的是離車站較遠的「旨味太助」，但我擔心去了會趕不上原本預定的新幹線回東京，因此我選擇了她的第二個推薦，也就是「たんや善治郎」。

たんや善治郎的本店就在仙台車站對面的大樓三樓，我只需穿過天橋的連結通道即可到達。儘管這是我的第二個選擇，但這家餐廳的牛舌味道，比我在東京吃過的都好吃。我擔心吃過之後就再也回不去了，仙台果然是牛舌的聖地！

點了他們的人氣推薦——極太厚切牛舌定食。這道定食的特色是強調挑選牛舌中最適合燒烤的部位，並由專業職人執行全部的過程，從一開始處理到醃製燒烤全都包辦。昭和二〇年代店家發祥以來傳承不變，味道也不變，是店家自豪的手工執著與滋味。店裡所使用的鹽為特製的「粉挽き塩」，細膩得像粉末一樣，能夠深入滲透到肉質裡，引出最迷人的風味。最後，職人們以強火燒烤每一片牛舌，將美味都鎖住不流失，才能將最好吃的牛舌送到客人嘴裡。

不過店內的山藥泥比較稀，但牛尾湯肉質柔軟份量多、再加上蔥絲滿滿頗具風味，可以補其不足之處。另外，他們推出的牛舌屋之咖哩拉麵非常特別，每天只限定十五碗，咖哩口味的牛舌和山椒的組合一定會擦出不一樣的火花。那天，隔壁的客人剛好點了這道令人好奇的限量拉麵，看到它上桌時的模樣與陣陣傳來的香氣，讓我恨不得能再有一個胃該有多好！總之，這一頓吃得讓人大大滿足。

因此，我也在車站購入了たんや善治郎的厚切牛舌和蔥花鹽牛舌當伴手禮；此外，當地知名的竹葉魚板是一定要買的，再加上用仙台名產毛豆做成的蛋糕卷等，可以回家與家裡的吃貨們慢慢享用，果然大家都對たんや善治郎的牛舌大大讚賞。

其實在JR仙台車站三樓的「牛たん

通り」裡，也有「たんや善治郎」的分店外，還有「味の牛たん喜助」、「炭焼利久」、「伊達の牛たん本舗」、「牛たんと仙台牛伊勢屋」和「牛たん焼助」等各具特色的店家。來到牛たん通り可以慢慢挑選自己喜愛的店家，對牛舌愛好者來說應該每一家都想品嘗看看吧！

たんや善治郎的極太厚切定食

深入巷弄探尋隱藏版牛舌料理！

如果你追求的是老饕們的隱藏版牛舌，那麼就要深入仙台市的巷弄裡慢慢挖掘，或是研究當地人的口袋名單。例如，目前仙台只有三間店的「牛たん料理 閣」就是其中之一。在當地朋友的推薦下我訂了他們的特上厚切生牛舌和只有直營店及通販訂購才買得到的隱藏版鹽味牛舌，嘗過之後，我們一家的味蕾都被擄獲了。獨家切割技術的厚片生牛舌，讓我們享受到了口感與肉質絕佳的極品滋味。另外，在店裡菜單上沒有的隱藏版鹽味牛舌則是用店家所謂「秘伝の塩」醃製而成。入口時就被其絕妙的鹽味深深感動了。沒想到，只是牛舌這一樣的食材，每一家的手法和呈現的風味竟然大大不同，各有特色。牛舌的世界真是意外的深奧！

那一趟仙台之旅，連下榻的旅館也讓我體驗到仙台牛舌的獨特魅力。那一天旅館的晚餐竟然是牛舌吃到飽，而且還是現點現烤的。這種牛舌單點吃到飽是我第一次遇到，重點是口感柔軟美味、品質還不錯，這家旅館就是我在日本三景松島入住的「松島センチュリーホテル」，也分享給愛吃牛舌的朋友們囉。

到東京必吃！口感柔軟豐富的「ねぎし牛舌定食」

最後要介紹一個東京必吃的牛舌定食餐廳「ねぎし牛舌」。在上一章的山藥泥麥飯裡也有提過，我的日本朋友也跟我說：「知道妳在書中要介紹這一間牛舌時，就知道妳已是東京人的一員了，只要是東京人想吃牛舌，我們都去這一家喔……。」「ねぎし」的招牌菜色就是牛舌定食，牛舌按照部位和切法主要有三種選擇，厚切白牛舌、薄切白牛舌和薄切紅牛舌。白牛舌屬於牛舌後面的部位，口感柔軟油質豐富，是許多饕客最愛的地方。紅牛舌位於牛舌的前端，口感較硬但咬勁十足，適合切成薄片享用，可以依照自己的喜愛做選擇。如果想要三種都品嘗的話，建議可以點他們菜單上的三種牛舌定食，非常適合牛舌愛好者們細細品嘗比較一番。

來東京如果想吃美味牛舌和日式燒肉，在這裡通通可以享用得到，最重要的是所有的定食組合大多只要一、兩千元日幣左右，CP值高絕對可以充分滿足大家的需求。

牛たん料理 閣的牛舌

牛たん料理閣的特上厚切生牛舌

ねぎし的牛舌定食

大塚太太推薦的美食餐廳

利久のイタリア CUCINA

宮城県仙台市青葉区中央 1-1-1（東館 3F）
11:00 ～ 23:00（週日到 22:00）
https://rokkenkitchen.gorp.jp/

たんや善治郎

宮城県仙台市青葉区中央 1-8-38 AK ビル 3F
11:00 ～ 23:00
https://www.tanya-zenjirou.jp/.tanya-zenjirou.jp/

ねぎし

東京都新宿区西新宿 1-6-1 新宿エルタワー B2
10:30 ～ 22:00
http://www.negishi.co.jp/

牛舌的最佳拍檔——蔥花鹽醬

愛吃牛舌的我們也會在申請家鄉納稅中選擇仙台高級牛舌當回贈品，用平底鍋煎好後淋上自製的蔥花鹽醬超級美味，做成牛舌握壽司又是另一種極品風味。其實做一瓶蔥花鹽放在冰箱裡要用的時候非常方便，可以做蔥花鹽牛舌、蔥花鹽炒豬下巴肉、蔥花鹽雞排等，作法也一併分享給大家囉。

食材

蔥花　5 大根
鹽　1.5 小匙（建議天然粗鹽）
白芝麻　1 大匙
胡麻油　100 毫升
牛舌　數片（其他肉類也可以）

作法

1 將蔥切細用 1.5 小匙鹽拌一下
2 把胡麻油放入鍋中加熱和白芝麻、蔥花一起煮一分鐘即可關火
3 將煮好的蔥花鹽放進瓶罐中，用不完可以冷藏起來，建議盡快使用完畢
4 煎好牛舌或其它肉類後，在上面放一小匙蔥花鹽就很夠味了
5 還可以用蔥花鹽牛舌包著白飯做成握壽司，非常美味
6 另外拿蔥花鹽來搭配各式肉類都很適合

Tips

家裡如果有蔥用不完，製作蔥花鹽是個保存青蔥的好方法，放在冰箱裡備用，絕對是料理各種肉類的超級好幫手。

難忘的溫泉旅館
晚餐&早餐

比收拾行李更重要的是
準備容納各種美食的胃

被大雪覆蓋的古民房民宿

來日本各地旅遊時，是不是非常期待溫泉旅館的晚餐和早餐呢？就像日本人去溫泉旅行時一樣，選擇下榻溫泉旅館的重要關鍵，絕對是美味的早晚餐。然而，溫泉旅館這麼多，每一間都竭盡所能地想辦法吸引顧客上門，於是華麗豐盛的宴席料理或豪氣多樣化的自助餐饗宴就成為很多旅館共同的模式。因此，這篇文章要介紹的是特別不一樣，我住過所有的旅館中印象最深刻的，此時浮現腦海的就是以下這幾間囉。

清津峡温泉 いろりとほたるの宿せとぐち

體驗在山中獵戶古民房享用傳奇美食之旅

二〇二二年的冬天，我來到了號稱「雪國」的新潟，遇到了一場超級大雪，連當地人都說是近年來最大的一場雪，瞬間將所有的街道變成了像是很久沒除霜的冰庫！有些地方甚至積雪高達數公尺，只能靠整天出勤的除雪車，把雪堆到道路兩旁，築成一道道高大霸氣的雪牆。而車子和人就行走在這雪牆中，宛如在一個大型白色迷宮中穿梭。對於住在東京的城市聳我來說，在這裡走路坐車就好像在打電動玩具般，真是難得的人生體驗，令我永生難忘！

那天在大雪紛飛中，我們終於到達預計下榻的古民房民宿「清津峽温泉いろりとほたるの宿せとぐち」。因為這場大雪造成清津峽一帶的交通狀況有些難以控制，民宿方面也一直打電話來確認我們是否可以如期到達？最終，靠著當地人小心謹慎與卓越的開車技術，把我們安全送達時，大家都鬆了一口氣！還記得，當時看到當晚入住的民宿被大雪掩蓋了大半部的模樣，竟有種難以置信的感覺，一生能有幾次這樣的體驗呢？現在回想起來，真是不可思議！

主人婆婆正在為我們準備豐盛美味的田舍料理，晚餐就在山中獵戶古民房風味滿滿的圍爐邊享用。前面一排擺放著山中獵到的食材，讓我大開眼界，有鹿肉、鴨肉和熊肉！是的！你沒看錯，是熊肉！傳說中的熊肉竟然在這裡被我遇上，人生第一次吃熊肉！果然是一個傳奇故事！

利用陶板燒烤這些肉，大家一定非常好奇熊肉嘗起來滋味如何？熊肉烤熟後加一點鹽或柚子胡椒提味，吃起來有點像牛肉，但比牛肉的肉質紮實有咬勁。雖然沒有什麼腥味，但頗具韌性，需要強健的牙齒與下顎才可以細細品味，這難得的體驗，要我形容，還真只能說一切「盡在不言中」。

古民房圍爐上方所吊的乾燥柿子

圍爐上的烤香魚

用山中各類食材來煮晚餐

其他的食材也都可以創造個人的美食傳說，例如：用蕎麥麵沾醬煮成的鱈魚白子湯、採用山豬肉做成的炸豬排、用鹿肉熬煮而成的紅酒燉肉、鴨肉鍋等等，這些幾乎都是其他地方難以吃到的。甚至連生魚片也是用稀少珍貴的喉黑魚製作，鮮美的魷魚片裡竟包著奢華的海膽，用帶著鹽味的香魚搭配當地越光米實在超級美味，讓人一碗接著一碗欲罷不能！每一道料理都可以感受到民宿婆婆的用心，彷彿每一道都是美食傳奇啊！

在山中住了一晚，體驗了當地的雪地生活。第二天醒來被窗外的景色嚇了一跳！經過一晚的大雪，屋外已經積雪到二樓的窗戶外，讓人有種打開窗戶就可以走出去的錯覺！

第二天的圍爐早餐依然豐盛多樣，鹿肉、蟹肉沙拉、牡蠣、蜜漬地瓜、里山蔬菜、地雞荷包蛋、烤鮭魚等等，這樣的組合實在難得一見。螃蟹味增湯好大一碗、越後姬草莓的甜美讓人好驚喜、用爐火烤出來的麻糬淋上紅豆泥超美味、還有那香濃的豆腐裝在滿滿的熱豆漿中超級濃厚香醇，又是一餐頗具傳奇性的古民房圍爐早餐！

更傳奇的是，被一晚大雪肆虐的道路變得更加困難，我們能否順利走出這個積雪深達數尺的山區呢？此時的我們並沒有明確的答案。可以肯定的是對民宿婆婆滿滿的感謝。謝謝她給我們最溫暖的招待與熱呼呼的暖意，回到東京後，我會懷念在這裡所遇到的一切，這趟旅程實在是太特別了，絕對是我人生中獨特的旅遊傳說！

民宿前方的道路快被大雪淹沒

古民房的用餐空間

清津峡温泉 いろりとほたるの宿せとぐち

新潟県十日町市西田尻辛 168 番地

http://www.setoguti.info/

「CAVE D'OCCI」的舒適大廳

「CAVE D'OCCI」的中庭

CAVE D'OCCI 在酒莊住一晚 享用美食美酒溫泉 SPA

位於新潟市近郊，屬於個性派的新潟葡萄酒「CAVE D'OCCI」，以獨特的風格努力開創出屬於自己的天地，囊括了釀酒廠、酒窖、飯店、餐廳、咖啡、麵包坊、SPA等，並且擁有自己的葡萄園，就位在新潟近郊的角田山下。儘管此地靠海，土質不算肥沃，屬於砂石質地，但在酒莊的執著努力下，葡萄園經過日本海嚴峻海風洗禮後，竟然也創造出一種口感柔和清爽且單寧量極少的獨特風味。這種葡萄酒有著自己獨特的特色，絕對值得一試。

當我來到這家酒莊時，已深深被他們的環境所吸引，一想到今晚可以在這裡住上一晚，不由得暗自竊喜。一進來飯店，看到中庭的噴泉設計和舒適的座位空間，便知道今晚將會有一個奢華療癒的時光。接著打開房門後，更是幸福指數破表，沒想這個以好山、好水、好米、日本酒聞名的新潟，也有這麼高質感的葡萄莊園。

我非常喜歡這種內斂的歐式奢華，不僅呈現貴氣且優雅的氛圍，仍能在貴氣中讓人感覺舒適自在。

今夜的晚餐也是一大重頭戲，在酒莊裡的法式餐廳「Travigne」享用美味華麗的法國料理。用餐環境和擺盤也是秉持著內斂低調的奢華風格，但品嘗了一口現烤麵包和湯品後卻發現，這裡的食物一點也不內斂，而是華麗又霸氣地昭告世人：

「我們的美味是獨一無二！」

果然，接著上場的甜蝦料理就是一大證明，這是當地食材與法國料理手法的完美結合。從未想新潟產的生鮮南蠻甜蝦，在CAVE D'OCCI的葡萄酒醃漬下，竟然不輸傳統的山葵醬油風味，再佐以酸奶奶油和酥脆的法國麵包，完美地激發了我的食慾，在嘴裡引起的美味化學反應！

下一道料理，採用當地蔬菜與海鮮貝類組合而成，也令人驚豔不已。這道菜以豪邁的黑松露切片與焦香的奶油醬汁點綴，結合新潟大地的滋味與日本海的鮮美，共同譜出的味覺交響曲，已經將我的味蕾帶到

越後和牛　海鮮蔬菜佐黑松露　葡萄酒漬甜蝦　自家手工法國麵包

了另一個境界。

接著讓我驚嚇、驚喜又驚豔的是——熊掌料理！熊掌是一定聽過，但從沒想過能吃到！這次在新潟竟然讓我吃到了十日町產的熊掌，絕對也是我人生中的一大傳說，應該回家後可以說上一輩子（笑）！

雖然已經在前面介紹的民宿裡吃過熊肉，但當時在眼前燒烤的熊肉太直接，讓我有點不知如何欣賞它的稀少與珍貴。今晚的這一道熊掌料理在紅酒的燉煮下特別柔軟細嫩，再佐以黏稠的紅酒醬汁，香濃的酒香中帶著微微的甜味與酸味，把熊掌可怕豪邁的印象一轉，就變成了眼前的美味佳餚，每一口都令人回味無窮……。

在濃厚的熊掌料理後，登場的是清爽的白魚料理，剛好讓味覺舒緩一下，非常喜歡主廚這樣的安排，讓整個過程高低起伏的層次感頗為精彩。安排在白魚料理之後的主菜，躺在鑄鐵鍋中央的是用葡萄園裡的葡萄樹枝燻煮而成的越後和牛，簡直就是饗宴的最高潮！當鐵鍋一打開時，滿滿的葡萄樹香迎面而來，當廚師將越後和牛切開後，那美麗的鮮紅色澤已說明了它的絕美滋味。看起來雖然有點血色，其實吃起來一點都沒有腥味，有的是鮮嫩的口感與卓越的風味。

最後，用越光米結尾料理和越後姬草莓做成的甜點與精緻茶點畫下了一個完美句點。服務人員請我用湯匙將蛋捲壓散，讓裡面的奶油夾心

酒莊早餐

酒莊裡的法式餐廳 Travigne

越後姬草莓甜點

與牛奶手工冰淇淋、草莓醬結合後一起入口。奶油夾心裡面還有滿滿的草莓果肉，連甜點都這麼精緻華麗，匹配得起出色絕倫的整套餐點，這兩個多小時的晚餐真叫人拍案叫絕、驚喜連連，高潮一波又一波！

第二天的早餐也很讓人滿意，優閒地享受出發前的晨間美味是溫泉旅館的一大使命，酒莊裡的早餐也不例外。深得人心的越光米和烤魚有著絕配的滋味，淋上一點醬油就美味無比的香濃豆乳加豆腐，淋上蜂蜜更出彩的優格都讓人難忘，真心希望有一天還可以回來 CAVE D'OCCI，只停留一天實在太短暫了！

CAVE D'OCCI
新潟県新潟市西蒲区角田浜 1661
http://www.docci.com/

各種鮮魚的華麗組合拼盤

早晚餐都豪華的「あんこうの宿まるみつ旅館」

某趟去茨城的旅行，我們入住了一家非常讓人期待的旅館，因為他們擁有難得吃得到的鮟鱇魚火鍋，而且還是連續兩年獲得日本全國火鍋大賞的優勝旅館。果然，這份期待沒有讓我們失望，我們享受了豪華霸氣的海鮮饗宴，全程無冷場，讓人大開眼界。

前菜是一大盤集合了各種鮮魚的組合拼盤，一登場時，大塚先生和我差點尖叫出來！因為其中有許多稀有的魚種，甚至需要前往東京的高級壽司店才能品嘗到，那更別說魚肉的肉質鮮度有多令人滿意了。之所以有這麼鮮嫩高級的魚肉，是旅館的採買達人每天一早去魚市場精選的成果，足見飯店對於餐點有多用心了。

此時工作人員在一旁幫我們煮鮟鱇魚火鍋，看她把當天進貨處理的鮟鱇魚魚肝放進去的時候，我們就知道這一鍋絕對鮮美無比。我們夫妻倆都非常喜歡鮟鱇魚魚肝，可說是海鮮界裡的鵝肝，每次在壽司店只要有機會遇到大多會點來品嘗一番。這次竟然看到用這麼多魚肝做成火鍋湯頭的鮟鱇魚火鍋，絕對是其他地方吃不到的。火鍋裡面有許多美味的鮟鱇魚肉，肉質鮮嫩頗具彈力，和鮟鱇魚肝湯頭超級對味，這一幕絕對不能讓也喜歡鮟鱇魚的大塚爺爺看到，他會哭的！

鮟鱇魚的炸物當然也別錯過，自從吃過美味的河豚炸物後，我就念念不忘了，第一次吃到鮟鱇魚炸物，竟發現同樣是鮮嫩多汁、香氣十足。此外，還吃到了這裡的獨特料理，「真子鰈マコガレイ」的煮物，和比目魚一樣眼睛都在同一側，比目魚在左邊「マコガレイ（真子鰈）」則在右邊，香香甜甜的醬油味非常下飯。

最後，是以用方才的火鍋湯頭煮出來的鮟鱇魚粥，暖心又暖胃。這種溫柔而韻味無窮的滋味，再次打開我們已飽到不能再飽的胃口，居然一連又吃了好幾碗！飯後甜點也好好吃喔，上面是烤過後熱熱的花林糖甜點（かりんとう饅頭），有酥脆的外皮和甜美的黑糖風味，與下面的香草冰淇淋結合在一起，又是一種非常特別的口感，真是從前菜到甜點讓人驚喜的完美晚餐！

晚上被旅館的豪華晚餐大大驚豔後，沒想到這裡的早餐也一點都不平凡！一上場就是一條大船，船上有鮮美的生魚片、生吻仔魚和海藻類，原來是要我們自己動手做一碗旅館的招牌美食——吻仔魚海鮮丼，嘗到唯有現做才有的鮮美滋味。

接著重頭戲把味覺帶到了最高潮，那就是漁夫們用來暖身體的「豪快汁」。雖然看似是平凡的味噌湯，但當工作人員拿著一塊熱騰騰的石頭丟進湯裡，瞬間被那號稱有八百度的熱力與氣魄給震攝了！當湯裡的滾燙狀態恢復平靜後，我們添了一碗品嘗，馬上被這不平凡的滋味感動！終於體會到為什麼漁夫們會喝這碗「豪快汁」，他們除了暖身外還要滿滿的元氣，感覺喝了這碗（其實喝了好幾碗）所有的疲憊一掃而空，頓時元氣滿滿、活力十足迎接下一個旅程了……

旅館的豪華早餐

整條鮟鱇魚

旅館名物豪快汁

あんこうの宿まるみつ
茨城県北茨城市平潟町 235
https://www.marumitsu-net.com/

「湯河原温泉 ちとせ」的高質感華麗晚餐

位於神奈川縣的「湯河原温泉 ちとせ」旅館，晚餐屬豪華精緻路線，菜色多樣精美，光是前菜就不同凡響，從生菜沙拉的種類和切工、兩種沙拉醬的提供、白魚與紅魚生魚片的分開擺設、新鮮山葵自己動手磨製，到以釜鍋煮炊出來的日式小魚乾炊飯，都展現出飯店主廚的精湛手藝與細心巧思。

當我看到鐵盤裡燒烤的是一大個活生生正在扭動身體的鮑魚時，全場發出驚嘆聲，天啊！這一餐真是太奢華幸福了！用釜鍋炊煮出來的小魚乾高菜炊飯，果然口感極佳、韻味無窮。連最後的甜點都是精緻無比的日式手工和菓子，讓人超級滿足，可說是我吃過的溫泉旅館晚餐中，會令人再三回味的。

一人一鍋現煮釜鍋炊飯

前菜和生魚片

飯後精緻甜點

奶油鮑魚燒烤

湯河原温泉 ちとせ

神奈川県足柄下郡湯河原町宮上 281-1

https://www.yugawara-chitose.jp/

愛媛「道後 YAYA」喝到飽的水龍頭蜜柑果汁

這是我在愛媛縣道後溫泉住過的旅館，由於旅館的早餐也頗讓我難忘，於是在這裡一併跟大家分享。

這間位在日本最古老道後溫泉本館附近的「道後 YAYA」，並不豪華，但處處讓人驚喜。

除了旅館內提供各種的今治毛巾供旅客使用之外，一進旅館大門還會發現有三個水龍頭，裡面流出來的是新鮮百分之百的蜜柑汁，不僅二十四小時都可以喝得到，還能讓人喝到飽，也讓我真實體驗了愛媛的蜜柑傳說。據說愛媛縣的蜜柑有四十種類以上，這裡選了人氣品種的溫州、清見和不知火讓大家品嘗它們不同的風味。

飯店早餐在當地很受歡迎，精緻菜色數量非常多，以一小盤一小盤陳列的方式和一般自助餐的大盤大量很不一樣，連各種新鮮水果都鉅細靡遺地寫上標示，讓人有被呵護對待的感覺，逛了一圈後發現果然名不虛傳。

至於日本人酷愛的生蛋拌飯，也提供三種品牌雞蛋讓大家選擇，除了白飯外也有愛媛當地名產鯛魚炊飯，還有愛媛特產Q嫩有咬勁的霜降真鯛魚生魚片做成的沙拉。讓人驚喜的是還可以單點五種菜色（不限數量），廚師會現場做給客人吃，我拿了一杯咖啡坐下來慢慢想：那個法國吐司非常吸引人，可是等一下要去搭心心念念已久的觀光列車「伊予灘物語」，而且還訂了豪華早餐，實在是讓人好糾結啊！

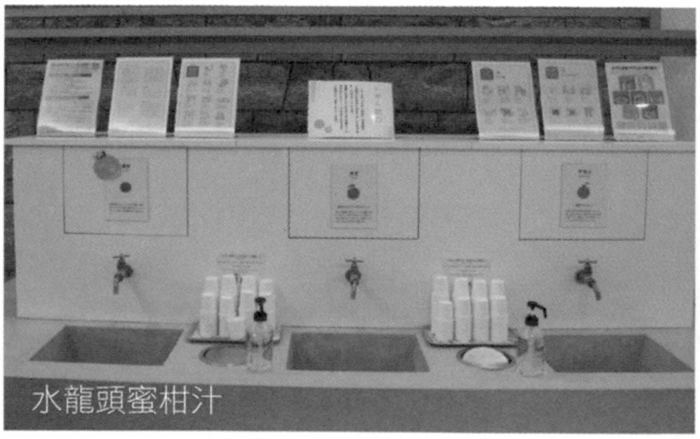
水龍頭蜜柑汁

蜜柑汁喝到飽

道後 YAYA

愛媛県松山市道後多幸町 6-1

https://www.yayahotel.jp/

完全手工製作的「鹽引鮭」

印象深刻的地方特色料理

地方美食攻略
帶你像當地人生活

旅行過許多地方後深刻體會到一件事，要深度認識旅行中走過的地方，最好的方式是品嘗當地的鄉土料理，藉由自己的味覺與當地文化做交流，吃著和當地人日常生活中的食物時，也會跟他們有相近的情感與感受。用味道來記住一個地方是最直接的，而且往後當我們回想起此地時，當地美食會喚起許多收藏起來的回憶。這篇文章記錄了許多我印象深刻的地方特色料理，希望分享給大家。

北海道石狩地區名物「石狩鍋」

有一次在北海道石狩地區旅行，到了一間擁有一百四十多年的歷史老鋪「元祖鮭鱒料理 割烹 金大亭」一品嘗石狩地區的名物石狩鍋。走進

金大亭古典懷舊的擺設

百年老鋪「金大亭」

店裡馬上感受到濃厚的歷史風味，處處可以看到古典懷舊的擺設與建築構造。在古色古香的和室裡慢慢享用石狩鍋套餐，此時外面的白雪已經厚到將窗戶都埋在雪堆裡了，打開來就是天然的冷藏庫！

石狩鍋套餐附上的是一整套鮭魚料理，有酸甜的醃漬鮭魚頭、絕妙鹽味燒烤鮭魚、冰凍鮭魚生魚片、難得吃到的烤白子和鮭魚血塩辛，以及晶瑩剔透的鮭魚卵，好幾樣都是平常吃不太到的食材和料理方式。加上熱騰騰的石狩鍋裡有滿滿的鮭魚，上面鋪滿香醇滑嫩的豆腐，再以白色味噌湯頭燉煮而成，帶點奶油風味，讓人忍不住一碗接著一碗。鮭魚的白子是雄鮭魚精囊的部分，

石狩鍋

冰凍鮭魚生魚片＆烤白子

鮭魚卵配白飯

外面的白雪已經將窗戶都埋在雪堆裡

元祖鮭鱒料理 割烹 金大亭

北海道石狩市新町 1

11:00 ～ 21:00(L.O19:00)

https://tabelog.com/hokkaido/A0107/A010702/1001327/

用燒烤的方式再搭配加了醬油的白蘿蔔泥，完全沒有腥味且特別下飯；鮭魚生魚片的冷凍吃法也頗為特別，當它與熱騰騰的白飯一起入口時，這一冷一熱宛如冰與火的口感，入口後的層次變化實在有趣，最後再把鮭魚卵淋在白飯上作為完美的結尾。

這次品嘗了雄鮭魚和雌鮭魚的經典部位，所謂元祖鮭鱒料理，著實讓我大開了眼界，說是石狩的名物，可謂名不虛傳啊！

釧路的夏季限定「岸壁爐端燒」

釧路是爐端燒的發祥地，也只有這裡才嘗得到夏季限定的「岸壁爐端燒」。伴隨著世界級絕美的夕陽餘暉，穿梭於迷人的香味與歡笑中，挑選各式鮮美食材自己燒烤，再搭配一杯冰涼的啤酒與當地人一起暢飲同樂，絕對是熱情豪邁的美味時光。

夏季限定的釧路岸壁爐端燒，每年五月到十月可以吃到。位於釧路知名的漁人碼頭ＭＯＯ的戶外河川旁，在可以感受涼爽海風的棚子裡享用。先到各個攤位去選擇喜歡的海產及各種食材，再自己在炭火上燒烤，輕鬆又隨意。買好票券後就可以開始張羅自己喜愛的食材了，其中最吸睛的莫過於當季最鮮美的各式海鮮，豪華的海鮮串、帶殼的帆立貝、新鮮又大顆的生蠔、鮭魚、烏賊、海螺等等，在海港邊的魚攤就是如此豪邁又霸氣。

夏季限定的岸壁爐端燒

與當地人一起暢飲同樂

岸壁爐端燒食材攤位

岸壁爐端燒
北海道釧路市錦町 2-4
17:00 ～ 21:00（5 月～ 10 月）
http://www.moo946.com/robata/

愛媛宇和島最鮮美的鯛魚料理

來到宇和島當然是要吃他們的特色名物鯛魚飯和當地鄉土料理，介紹一間當地人的口袋名單「鄉土料理 大衆割烹 ほづみ亭」。宇和島的鯛魚飯吃法是在清爽的日式高湯醬油裡打一顆生蛋，再加上新鮮的海帶芽與鯛魚片，沒想到生蛋和海帶芽如此絕配，把它淋在白米飯上別具風味，滑滑嫩嫩的口感一下子就把飯扒光光了！最讓人驚豔當然莫過於那新鮮無比的鯛魚，那種獨特彈力與Q嫩的口感絕對是其他地方比不上的，讓我不禁懷疑之前我在東京吃到的一定是因為在運送的過程中讓鮮度下滑了，果然鯛魚要在鯛魚的名產地宇和島吃才過癮啊！

愛媛宇和島的鯛魚料理

鄉土料理 大衆割烹 ほづみ亭

- 愛媛県宇和島市新町 2-3-8
- 11:00 ～ 13:20(L.O)、17:00 ～ 21:20(L.O)
- https://tabelog.com/ehime/A3804/A380401/38000392/

德島肉質鮮嫩的「阿波尾雞蒸籠飯」

「藍蔵」是一間以藍染為設計背景的餐廳，有自己獨特的文青氣息。樓上的用餐空間有一面落地景觀窗，我造訪時外面正上演著秋日好風光，裡面則是德島名產香噴噴的阿波尾雞蒸籠飯。之前我們家利用過家鄉納稅的方式申請阿波尾雞肉來品嘗，現在能在產地吃到肉質鮮嫩、肉汁甜美的本場阿波尾雞本尊，而且還是在這麼優雅的環境中，更讓人感到無比幸福。

吃完飯後到附近的脇町卯建房屋街道散步，沉浸在古民房林立的街道中，又是另一種充滿文青風雅和閒情逸致的氛圍。「卯建」是這一帶的建築特色，由於戶戶相連的關係，為了防止發生火災時火勢一發不可收拾，大家會在二樓建造宛如防火壁的凸出物以屏障火勢；可是建造「卯建」需要一筆頗大的經費，只有當時富有的人家才負擔得起，所幸江戶時代藍染曾興盛一時，這一帶居住的都是藍染職人，也為當地帶來了不少財富。脇町卯建房屋街道也為藍染歷史寫下了一頁輝煌過往，讓後人可以見證歷史盛衰與地方文化風情。

街道上每一個角落都值得細細品味，由古民房改建的圖書館、美術展覽會場、咖啡館、茶室、雜貨店等都好有味道。阿波雞蒸籠飯與脇町卯建房屋街道散步的組合，是個味覺與心靈都被滿足的行程。

德島的阿波尾雞蒸籠飯

落地窗外正上演著秋日好風光

藍蔵

美術展覽會場

藍蔵二樓用餐空間

脇町卯建房屋街道

藍蔵

徳島県美馬市脇町大字脇町 55 番地

9:00 ～ 18:00

https://www.udatsulist.com/blank-8

廣島車站旁的鮮嫩牡蠣

廣島車站附近美食聚集的エキニシ（EKINISHI），是當地人夜晚飲酒與品嘗美食的小吃街，我們在眾多小吃店中選了這間「広島らーめん　たかひろ」，為的是品嘗他們以鮮美牡蠣知名的當地料理！店家為了保證牡蠣的絕佳鮮度，是每天早上從市場直接進貨，所以牡蠣的數量有限，想嘗鮮最好預約比較保險。

老闆娘的牡蠣料理堪稱一絕，將鮮度卓越的牡蠣放入關東煮的湯頭裡稍微涮一涮再拿出來，用清爽開胃的橘醋醬和廣島特產新鮮檸檬皮來調味。淡淡的酸味與檸檬清香更能凸顯牡蠣的鮮美，吃進滿滿鮮味。接下來這一碗牡蠣拉麵更絕！將牡蠣用奶油香煎後放在店內的人氣定番鹽味拉麵上方，我們馬上被湯頭淡雅卻濃郁的後勁所收服，再吃到帶著奶油香氣的牡蠣，更添另一種驚喜，清爽與濃郁的兩種風情都享用到了。此外店裡還有許多其他道地小菜值得一嘗喔。

牡蠣拉麵

広島らーめん　たかひろ

廣島県廣島市南区大須賀町 12-6

12:00 ～ 14:00、17:00 ～ 24:00(定休日 週日)

https://tabelog.com/hiroshima/A3401/A340121/34022511/

宮島名物「穴子飯」

宮島這一帶的人氣名物「穴子飯」（穴子めし），有點像鰻魚飯，將剛剛烤好香噴噴的穴子，沾上特製微甜的醬汁，整齊地鋪排在飯上，吃起來比鰻魚肉質紮實清爽，我和大塚先生都很愛。之所以會選這一間「あなごめしうえの」，是因為它是一間超級人氣的排隊百年老店，就在JR宮島口車站附近。

穴子是生長在海洋的星鰻，所以肉質紮實頗具彈性，烤得微微焦脆後沾上微甜的醬汁非常下飯。此外店裡的白米飯粒粒分明頗有彈力，就算淋上醬汁也不會溼答答的反而是意外地乾爽口感，與紮實的穴子特別契合。醬汁的甜度也拿捏得剛剛好，就像是精心計算好的黃金比例一般，難怪總是大排長龍。所幸當天我早一點到，只排了二十分鐘就嘗到了這一味。

廣島穴子飯

あなごめしうえの

廣島県廿日市市宮島口 1-5-11
10:00 ~ 19:00(週三 18:00)
https://www.anagomeshi.com/

新潟名物 HEGI 蕎麥麵＆酒鍋

「越後湯澤溫泉 湯けむりの宿 雪の花」是一家頗有質感的溫泉旅館。旅館提供的晚餐主打精緻重質不重量，菜色的種類雖不多，但每一道菜都經過精心烹調，更增添了幾分高級感，是美食界的瑰寶。也是在這裡，我品嘗到了新潟的名產「HEGI 蕎麥麵」，其獨特的口感讓人難以忘懷。

新潟縣的日本酒是海內外聞名的，旅館準備的火鍋便是難得一見以新潟酒為鍋底的「酒鍋」。為了搭配這個獨特的酒鍋，他們也準備了高級食材如鮑魚、越後黑毛和牛、松葉蟹等，連蔬菜都是精挑細選過的，像是稀少珍貴的白木耳……等。最後登場的就是知名的 HEGI 蕎麥麵，比一般蕎麥麵有彈力更Q嫩，甜點也頗精緻可口。此外，旅館還在客房準備了可以自己動手研磨咖啡豆和沖泡咖啡的器具，讓旅客回房間後可以慢慢享受精緻的休憩時光，真不錯！

新潟酒鍋

越後湯澤温泉 湯けむりの宿 雪の花

新潟県南魚沼郡湯澤町湯沢 317-1
https://www.hotespa.net/resort/hotellist/yukinohana/

「千年鮭きっかわ」

展示了村上對鮭魚的柔情

據說村上是日本鮭魚料理最早的發源地，從平安時代就有吃鮭魚的習慣，因此在當地的鮭魚料理被稱為千年鮭。如果來到村上，一定要到有著約四百五十年歷史的老店「千年鮭きっかわ」品嘗當地美食。他們利用盛產的鮮美鮭魚，烹調出上百種的鮭魚料理，店裡面也販賣著琳瑯滿目的鮭魚相關產品，讓人目不暇給。

看到單純以鹽漬、風乾、自然發酵，且無化學添加物完全手工製作而成的「鹽引鮭」，一隻一隻地掛在店裡的模樣，著實被當地對待千年鮭的態度所感動了。

據說這是代代相傳有著千年歷史的傳統做法，採取的是不切腹的方式，所以可以看到每隻鮭魚的肚子是沒有被完全切開的，連嘴巴魚鰓的部分也不像一般會用繩子綁起來。

我問：「這樣做是因為會更美味嗎？」當地人回答：「和美味沒有關係，只是為了表達我們的心意與柔情！」原來這是村上人對鮭魚表達感謝之情的方式。店裡附設的餐廳可以吃到鮭魚多種吃法的套餐料理，喜歡鮭魚的朋友們千萬別錯過了千年鮭元祖級的滋味。

千年鮭きっかわ

完全手工製作的「鹽引鮭」

酒漬鮭魚

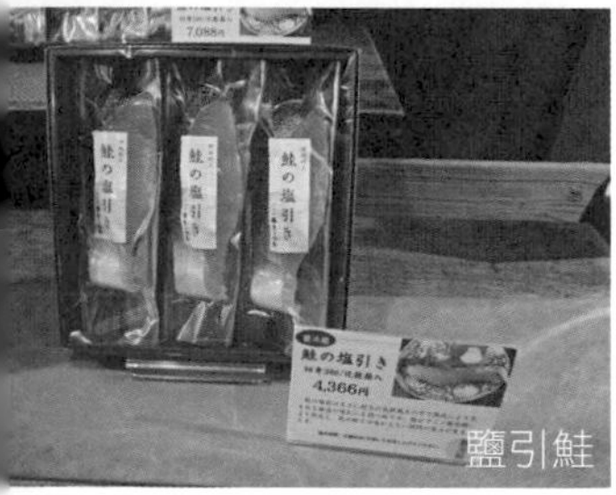

鹽引鮭

千年鮭きっかわ

新潟県村上市大町 1-20

9:00 ～ 18:00

https://www.murakamisake.com/

日本三大地雞之一的比內雞

記得有一回去秋田縣的十和田大湯温泉採訪，品嘗到當地肥厚的蟹腳肉、海膽茶碗蒸、芝麻醬涮涮鍋、秋田名產烤米棒湯，但最開心地莫過於吃到日本三大地雞之一的「比內雞」，肉質紮實有咬勁且自帶甜味是其最大的特色！另外頗具特色的蕎麵壽司卷和口感極像鹹湯圓的糰子湯，都是第一次吃到的地方特色料理，非常特別。

第二天在規模頗大的道の駅（道路休息站）「かづのあんとらあ」吃到用比內雞做成的木製圓筒蒸飯，與前一晚吃到的相比口感較為清爽淡雅，不變的是帶著咬勁的Q彈肉質，這樣的鄉土風味很快就慰藉了我飢腸轆轆的脾胃。

道路休息站「道の駅」是自駕旅行中必去的地方，也是中途休息和購物的好去處，比起車站裡的伴手禮賣場更可以看到最接近當地人生活的各種物產，如果想知道旅遊當地的風土民情，來這裡逛一圈可以得到不少資訊。

比內雞圓筒蒸飯

かづの あんとらあ
秋田県鹿角市花輪字新田町 11-4
4 月～ 11 月 9:00 ～ 18:00
12 月～ 3 月 9:00 ～ 17:00
https://antlerkazuno.com/

平目魚醬油漬海鮮丼飯「平目漬け丼」

在青森縣八戶市的「陸奥湊駅前朝市みなと食堂」，是當地超有人氣時常大排長龍的名店。店內利用八戶近海的各類新鮮魚貨做成的豪華丼飯，是各地觀光客夢想品嘗的絕品料理。當天早上我八點就到了，卻已經排了不少人！正當猶豫著到底要點哪一道海鮮丼飯時，我瞥見牆上掛著得到金賞的告示牌，這道得到金賞的料理就是遠近知名，也是當店招牌的「平目漬け丼」！

當下決定早餐就是它了「平目漬け丼」，心想一早就吃這麼華麗，會不會也太幸福了；但看到對面同伴點的「漁師の漬け丼」，碗裡有各式各樣的海鮮食材，超級豪華，就不覺得自己過份了。一大碗滿滿的平目魚蓋飯加醃漬小菜和仙貝湯只要一千三百五十日幣，而且這一大碗八戶名產仙貝湯太讓人驚喜！正是喝到這碗湯，被仙貝Q嫩富彈力的口感給擄獲，記得那趟行程我不斷地買，買了好多仙貝和仙貝高湯包回家去，這麼棒的美味，一定要讓我們家的吃貨們也能吃到啊。

陸奥湊駅前朝市 みなと食堂

- 青森県八戸市大字湊町字久保 45-1
- 6:00 ～ 14:00（定休日 週日）
- https://tabelog.com/aomori/A0203/A020301/2000865/

藏咖啡 千之花

充滿日本媽媽味道的鄉土料理

位於福島縣二本松市的「藏咖啡千之花」除了提供鄉土美食外，還是一個自西元一七七七年創立製作味噌和醬油的百年老鋪。在餐廳的隔壁就是自家的釀造場「國田屋釀造」，於一樓的販賣區裡可以看到店家自豪的商品一字排開，建議可以入手幾款帶回家，品嘗一下連日本著名的詩人高村光太郎名作〈智惠子抄〉裡都曾歌詠的鄉土滋味。

這裡無論何時來都吃得到傳統的家鄉食物，店裡排列著一碟一碟當地日常生活中常見的小菜，滿是媽媽的味道。這裡的料理純樸自然，沒有繁雜的程序與過多的花樣，有的是食物本身的美好與單純的味道，因此安慰了不少在外打拚旅人們的心與胃，其實最能撫慰人心的還是家常菜啊。

店裡的招牌湯品「ざくざく」，過去通常只會在婚禮或葬禮等節慶場合才會出現。但是，當我喝了一口ざくざく後，驚覺這不就是日本母親的料理代表之一：日式蔬菜豆腐雜煮（けんちん汁），同時也是我家婆婆拿手好菜之一。

原來在日本各地，這道湯有著不同的名字和意義。在這裡，「ざくざく」指的是切成小塊的蔬菜和豆腐，湯頭則是清爽淡雅的日式高湯。喝下一口，滿滿的蔬菜和湯汁從口中緩緩滑落，讓人感到一種從心底溫暖的感覺，就像媽媽對我們的愛一樣。

藏咖啡 千之花的鄉土美食定食

自家釀造醬油商品

藏咖啡 千之花

福島県二本松市竹田 2 丁目 30

11:00 ～ 14:00、15:00 ～ 18:00，週日 11:30 ～ 14:00、15:00 ～ 17:00（定休日 週一）

http://kunitaya.jp/

重生後的浪江日式炒麵

曾經在二〇一三年獲得日本全國第八屆B-1美食大賽冠軍的浪江日式炒麵，實際上是源自於二〇一一年東北大地震後無法居住的城鎮——浪江町，留下的美食文化遺產。在地震後，大多數居民遷往二本松市，並把當地人氣美食浪江日式炒麵也一同傳承過來，繼續延續成為當地的美食之一。沒想到這道美食受到了更大的歡迎，不斷發展壯大，兩年後獲得了如此殊榮。可說是兩個城市合作的結晶，背後蘊含著重大的傳承和生命力的再生，更體現了互相扶持、共同走向復興之路的正能量。

當我品嘗這道特別的地方美食時感觸也頗深，非常推薦大家有機會一定要嘗試一下這道復活味。然而，對於大部分的台灣人來說，可能會覺得醬汁加得有點多而口味重了些，第一口就讓人印象深刻。特別是那又粗又Q彈的麵條，咬勁與口感與一般的炒麵截然不同，吃了幾口後會讓人忍不住想要配碗白飯（笑）。

杉乃家

二本松市本町2丁目3番地1市民交流中心内1樓（杉乃家）

11:00～15:00、17:00～20:00（定休日 週一、二）

https://tabelog.com/fukushima/A0701/A070103/7008705/

伊勢原大山一帶的豆腐料理

有一年我到了位於神奈川縣伊勢原市的日本遺產「大山詣り」（參拜），登上了「大山纜車」欣賞楓葉美景。在江戶時代，大山朝聖是非常流行的風潮，據說當時五個人中就有一個人會前往大山參拜，而且還要攜帶巨大的木製太刀。太刀愈大，愈能顯示出自己的誠意和氣概。現在很難想像拿著一把幾尺高的木製大刀，一邊和旁邊的人競爭誰的刀比較高大，一邊從東京車站前往阿夫利神社及大山寺參拜，應該會被警察攔下來吧（笑）！

中午在大山纜車前商店集結的街道上享用了午餐，「小川家」是其中一家當地的料亭。這裡的料理全部都是以大山地區的豆腐製作的，當地的水質優良，所以豆腐特別純良細嫩，難怪這一帶有很多以豆腐料理為主的餐廳。無論是溫豆腐、炸豆腐、豆腐皮、豆腐湯等，都非常香醇濃郁。特別是那一鍋香濃的豆腐鍋，用豆乳將豆腐燉熱後享用，真是暖胃又暖心。我非常喜歡這種細緻柔和的日式料理，內斂的調味卻深深地觸動了我的味蕾，吃完了還意猶未盡。最後，在豆乳表面自然形成的豆腐皮也很美味。這一餐讓我想起曾在京都吃到的溫豆腐宴席料理，而這裡的精緻感不比京都遜色喔。最後的甜點也是用豆腐做成的，有豆腐藍莓優格、杏仁豆腐、豆腐冰淇淋，非常完美！

伊勢原大山的豆腐料理

在豆乳表面自然形成的豆腐皮

小川家

神奈川県伊勢原市大山 637

11:30 ～ 16:00、17:00 ～ 19:00

https://www.ogawaya-toufu.com/

飛驒牛可樂餅夾心麵包

日式糰子 SET

飛驒牛可樂餅夾心麵包&「鶏ちゃん丼」

在飛驒牛的故鄉岐阜，有許多與飛驒牛相關的美食。其中，最讓我印象深刻的是位於岐阜郡上八幡車站旁邊的「郡上八幡駅舎 Café」。這家咖啡館散發著一股濃濃的典雅古樸風味，陽光從窗外灑落在木製桌椅上，和煦的光線和溫度，讓人身心都得到舒緩和放鬆。

令人驚喜的是，店裡的食物不僅美味且價格便宜。飛驒牛可樂餅夾心麵包一個只要五百日幣份量十分實足，還有一份一千日幣的地方名物「鶏ちゃん丼」和迷你拉麵組合保證吃得飽足又滿足。此外，他們還推出了以地方卡通人物為主題的蘇打飲料，這款卡通人物「GJ8 MAN」是櫻桃小丸子的作者櫻桃子所設計的，裡面還有白色ＱＱ嫩嫩的珍珠！再佐上窗外街道古民房的風景，真是視覺與味覺的雙重享受。

郡上八幡駅舎 Café
岐阜県郡上市八幡町城南町 188-54
9:00 ～ 17:00
https://ekisya-cafe.com/cafe/

北陸自豪的富山灣海鮮料理

擁有「世界上最美麗海灣」之稱的富山灣，當地的海鮮也是遠近知名，不僅當地人喜愛更有不少旅客慕名而來。例如：入善町的絕品牡蠣，經過海洋深層水洗禮味道鮮美是必吃美食；另外，朝日町的握壽司也很值得一試，它用特哉朝日米製作而成，口感極佳、餘韻回甘。

入善町生蠔

ゲンゲ（幻魚）の竜田揚げ

富山名物「ます寿し」

最令大塚先生和我念念不忘的是在魚津車站附近的當地人氣餐廳「海風亭」吃到的海鮮料理。這裡的炸白魚、綜合生魚片，還有裝著滿滿貝類的現炊釜飯著實讓我們讚嘆。此外，還吃到了只有這裡才可以吃得到的「ゲンゲ（幻魚）の竜田揚げ」，這種炸物是用很少在市場上流通的深海魚所做的，曾出現在經典美食漫畫《美味しんぼ》的第八十四巻中。吃過的人都對它的美味讚不絕口，大塚先生和我更是點了一份再一份，因為實在是太美味了！

順便跟大家一提的是，富山名物「ます寿し」鱒壽司實在是太受歡迎了，我們最後在車站只搶到一盒當伴手禮，回家後七個人分吃一盒的畫面，請大家自行想像吧（笑）……

海風亭

富山県魚津市釈迦堂 1-13-5 美浪館 1F
11:30 ～ 14:00、17:00 ～ 23:00
https://minamikan.com/oishinbo.html

其實日本各地還有好多說不完的地方特色料理等我去挖掘，以上先挑選幾個令我印象深刻的跟大家分享，還是那句老話，我會繼續吃下去的……

隱藏在當地料理中的奢華食材

全都想打包回家的難忘滋味

山形當地料亭前菜

日本各地真的有很多美味又夢幻的寶藏食材等著大家去挖掘。除了前幾篇章節介紹過的各地品牌夢幻和牛、魅力無窮的牛舌和傳奇性濃厚的熊肉熊掌外，還有許多隱藏在當地料理中的特殊稀有食材，就讓這一篇文章來告訴大家吧！

令人驚豔的山形牛排配「つや姫」飯糰

山形牛排配「つや姫」飯糰是一道令人驚嘆的當地鄉土料理。在山形當地料亭「庄内ざっこ」享用的餐點，從前菜、新鮮生魚片、烤魚、鄉土里芋煮、鮭魚螃蟹壽司飯、烤飯糰等，一道道的美食不斷地讓我們驚艷。特別是烤飯糰，用的米是家喻戶曉的つや姫，淡雅的米香與周圍烤得焦香迷人的醬油香融合在一起，讓已經很飽足的胃口瞬間又大開了！

但其中最讓人驚喜的是河豚炸物、鮑魚和山形牛牛排。河豚炸物的酥脆炸衣與彈性十足的肉質是它最吸引人的地方。而山形和牛的原本鮮嫩肉質煎成半熟的狀態，再佐以微微紅酒香氣的醬汁與牛奶馬鈴薯泥，非常對味，兩三口就被吃光了！其實，在當地地元料亭最能吃到深入人心的地方美食與日本傳統手法，更是探索不同地方的文化和美好的方式。

庄内ざっこ
山形県鶴岡市本町 1-8-41
11：30～13：30、17：00～22：00
http://s-zakko.com/

鮭魚卵螃蟹壽司飯

傳說中的「大間鮪魚」

來到海洋資源豐富的青森，當然不能錯過品嘗當地的海鮮美食。在距離青森JR車站約五分鐘路程的地方，有一個被稱為「青森市民的廚房」的當地名勝，也就是「青森魚菜中心」（古川市場）。在這裡，你可以自由選擇海鮮食材，然後做出一碗豐盛的海鮮丼飯。只需購買一張票券，就可以使用其上的小票購買所需的食材。

就在我尋獵美食的時候，看到了「大間鮪魚」的字樣，令我眼睛一亮。這不就是傳說中青森漁夫們夢寐以求，想自己親手釣到的鮪魚嗎？我腦海中浮現出新年特別節目中的場景：大間漁夫們如何在一年之中竭盡全力釣鮪魚，每當新年在鮪魚競賣場上大家叫賣的盛況，大間的鮪魚經常以天價被競標。現在竟然在這裡遇見了它，二話不說，我馬上向老闆買了一大塊。沒想到，不用到大間，在交通便利的青森魚菜中心就能品嘗到這夢幻鮪魚的美味。

大間鮪魚

自己組合的海鮮丼

我這一碗滿滿的新鮮海鮮丼，有一大片色澤鮮嫩的大間鮪魚、入口即化的鮪魚肚、彈性極佳的鰤魚、鮮美微甜的甜蝦、細緻綿密的蔥花鮪魚泥、一顆超大尺寸的帆立貝，還有一大塊豐厚紮實的玉子燒。最後別忘了留一小張票券給熱騰騰的味噌湯，裡面有滿滿的海藻和蔥花，與海鮮蓋飯超級對味。這一餐只花了一千五百日幣，光是那一大塊大間鮪魚就值回票價，大家看了是不是很羨慕呢？

青森魚菜中心

青森市古川 1-11-16

7:00～16:00（定休日 週二）

https://nokkedon.jp/

北海道夢幻般的海鮮早餐

釧路市場、函館朝市和札幌二條市場被譽為北海道三大市場，這些地方從大清早就能吃到豪華的海鮮蓋飯，是許多遊客必訪的地點。不過，這次我來到的是位於「札幌市中央批發市場 札幌場外市場」的老字號海鮮批發店「北のグルメ亭」。他們提供了新鮮豐盛的各式海鮮蓋飯和備長炭的炭火燒烤，也可以在一樓的水族箱中挑選生鮮食材，請店家為你料理。活生生的大隻螃蟹、貝類和鮮魚等，讓人深深感受到北海道海鮮的魅力。

釧路「和商市場」

最有人氣的海鮮丼

我馬上點了這裡最受歡迎的海鮮丼、牡丹蝦、螃蟹、鮭魚卵蓋飯、鮭魚親子丼、松葉蟹、毛蟹、鮭魚卵蓋飯等美食。當這些豪氣奢華的丼飯端上桌時，目光立刻被前方的美景所吸引，這樣的早餐太膨湃了！最受歡迎的海鮮丼裡竟然有十多種的新鮮食材，牡丹蝦好大一尾、海膽味道鮮美、鮪魚肚肉質好鮮嫩、鮭魚卵和壽司飯的搭配更是絕佳！享用完早餐後，還可以到一樓選購各種干貨、海鮮罐頭和一夜乾等當地伴手禮，非常適合將這些美味帶回家。

北のグルメ亭
北海道札幌市中央区北11条西22丁目4-1
7:00～15:00
https://www.kitanogurume.co.jp/shokudo/

令人超級震撼的「くろば亭」鮪魚頭大拼盤

如果有機會到三崎港，絕對不能錯過當地的特產鮪魚，而「くろば亭」更是當地值得推薦的好地方。店裡提供新鮮食材搭配上港邊日式居酒屋風格，吸引了無數饕客前來用餐。接下要介紹的菜色，請大家小心服用，因為畫面太誘人，會讓大家巴不得能立刻飛到日本品嘗（笑）。

天啊！這是什麼豪華天堂料理，店裡的招牌菜「鮪魚頭生魚片大拼盤」是特大尺寸，一大盤竟用掉一整個鮪魚頭所做成的，必須提前預訂才能吃到。大拼盤一上桌，所有人被都這份量所震撼，不僅讓你看到鮪魚頭的全部，甚至連那大大的鮪魚眼珠子也呈現在你的眼前，讓你驚呼連連！我敢說，這是我吃過最豪華的鮪魚大餐，可惜照片無法完全展現當下的震撼感。

鮪魚頭生魚片大拼盤裡鮪魚頭的日文是「かぶと」，因為長得像頭盔的樣子，是店裡傳奇的一品名物料裡。沒想到光是鮪魚的頭部就可以切出這麼多不同種類的生魚片來，大家可以對照牆上的部位圖片說明，來看看拼盤裡的生魚片是來自頭部的哪一個地方。其中最讓我驚奇的是竟然有眼睛四周的碎肉，用店家獨特的調味方式意外地美味。另外，還有在別處也很難吃到臉頰肉、喉嚨部位的肉和頭部上方的肉，每一種都太鮮美可口了！

就算是平常吃得到的大鮪魚肚、中鮪魚肚和赤身也都特別的新鮮好吃，讓人可以細細品嘗各種油脂分佈與鮪魚肉交織出來的美妙口感，能夠吃到如此華麗的鮪魚生魚片大集合，真是人生一大樂事！

另外，店裡的鮪魚肉燒烤也是一絕，除了生魚片的鮪魚是經典外，沒想到燒烤過的鮪魚肉也能如此美味且肉汁四溢，絕對必點！感覺整條鮪魚從裡到外甚至內臟都被くろば亭利用得非常完美，為了這個滋味，我會帶大塚先生專門從東京來三崎港吃，相信愛吃鮪魚的大塚先生吃到會開心到哭的！

老闆正在店門口處理鮪魚頭

港邊日式居酒屋風格

鮪魚頭生魚片大拼盤

鮪魚部位圖片説明

鮪魚肉燒烤

くろば亭

神奈川県三浦市三崎 1-9-11

11：00～20：00（定休日週三）

https://kurobatei.com/maguro/

夢幻蘋果「群馬名月」鮮吃入菜都令人難忘

某一回很難得地造訪了連日本人都不太熟悉的群馬縣沼田市，而且不知道這裡竟也是日本的蘋果盛產地。當我看到傳說中絕少在其他地方出現的蘋果「群馬名月」時就明白，這次來到了寶地！據說這種一出產就幾乎被預訂光的夢幻蘋果，是很難在東京超市裡看到的，常常是供不應求。而我現在就在它的產地可以直接吃到，當然要大吃特吃，還要在當地知名的原田農場內，大肆採摘回家去！

現採現切的群馬名月，果肉中蘊含著滿滿的果蜜，一口咬下實在是太甜美了，甜度這麼高的蘋果還真是少見。一般在超市裡買到的蘋果都沒有這麼多果蜜，更令人難忘的是，在當晚下榻的老神溫泉旅館裡竟然嘗到了從未吃過的蘋果料理大餐。

於是，我們開始尋找眼前這套豐盛的料理中，蘋果食材的蹤影。我們發現有蘋果開胃酒、蘋果與蘿蔔絲拌胡麻、蘋果生春捲配醋味噌醬、上州和牛與蘋果的奶油醬油燒烤、蘋果天婦羅和焦糖蘋果布丁。天啊！每道菜的蘋果都巧妙地融入了料理中，毫無違和感，反而更加凸顯出了料理本身的精彩度，令人驚喜連連！

最令我驚豔的是一道奶油醬烤上州和牛佐蘋果的燒烤，有了蘋果的加持，讓上州和牛的口感更柔軟順口。此外，在蘋果的酸甜滋味和牛肉的豐潤油脂之間取得絕妙的平衡，彼此輝映出對方最出色的一面。這個出乎意料的效果讓在場的人們都直呼神奇！

另一道蘋果天婦羅也頗讓人驚奇，沒想到蘋果裹上麵衣後炸得酥酥脆脆的，呈現出不同的甜美滋味，無論沾鹽或沾上加了生薑泥的天婦羅沾醬都非常好吃，且清爽不油膩。

記得，那一趟旅程我扛了七公斤重的各種蘋果回家，其中以群馬名月

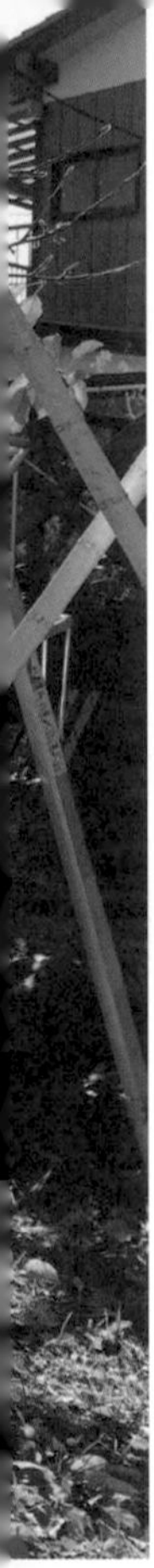

群馬名月蘋果

我扛回家的蘋果

蘋果料理大餐

群馬名月的果蜜

最多，讓家裡的吃貨們都大大讚賞這些蘋果甜美的口感，令我非常開心。但是，因為扛得太重了，我腰酸背痛了好幾天，早知道的話，應該打電話請大塚爺爺開卡車來接我，這樣就可以帶回更多的蘋果了……。

原田農場

群馬県沼田市横塚町 1294

8：30～17：00

http://www.harada-nouen.com/

道の駅マリンドリーム能生的紅楚蟹

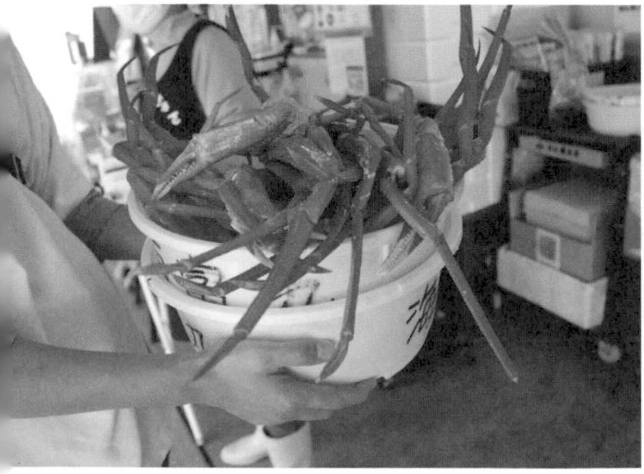

買螃蟹送蟹腳

道の駅マリンドリーム能生

在道の駅マリンドリーム能生享用豪華螃蟹

介紹一個可以盡情享用螃蟹大餐的地方，就是位於新潟縣能生港附近的道路休息站「道の駅マリンドリーム能生」裡的螃蟹屋橫丁「かにや橫丁」。在這裡你可以體驗霸氣十足的螃蟹吃法！這裡的螃蟹是一種紅楚蟹「ベニズワイガニ」，曾榮獲日本政府觀光局JNTO的「美食總選舉」海鮮部門第一名。

我原本只是想跟老闆買兩隻螃蟹，結果老闆卻給了我一大盆蟹腳，我還以為他聽錯了，結果老闆說：「沙必思！送給妳啦！」，人也真是太好了啦！這個比我去菜市場買菜，多送兩根蔥讓人驚喜千萬倍；也比去拉麵店點一盤餃子，跟來了一碗白飯的級別還要海派霸氣！聽說這個螃蟹市場裡的老闆都是如此豪氣，買螃蟹送蟹腳是他們的習慣，重點是這裡的螃蟹新鮮美味超有人氣。除了螃蟹，我還點了螃蟹奶油可樂餅和蟹肉通心粉焗烤，都非常鮮美好吃。

本來還滿擔心這一大盆螃蟹會吃不完，但是因為實在太鮮美了，午餐的時間還沒到就把一大盆螃蟹當開味菜，吃光光了。這種事不該跟我們家的吃貨們報告，我怕跟他們說後，大塚爺爺會叫我帶七隻回家，到時跟來了七盆蟹腳該如何是好？（驚）

螃蟹屋橫丁「かにや橫丁」

螃蟹奶油可樂餅

道の駅マリンドリーム能生

新潟県糸魚川市能生小泊 3596-2　9：00～17：00　http://www.marine-dream.net/

家鄉納稅的豪華贈禮

地方政府版的美食外送服務

高知縣產伊勢蝦

日本的城鎮、都市和地方之間有著很大的差異，由於大多數人口都集中在大城市中，因此各地每年的稅收差距也非常大。自二〇〇八年以來實施的家鄉納稅制度，其主要目的是鼓勵納稅人向出生地或其他地方自治體納稅，可視為一種捐款，透過納稅人原本應該繳納的居民稅和個人所得稅，可以獲得相應的減免。這項家鄉納稅制度的初衷是為了支持地方自治體，希望改善城鄉之間的差距。此外，納稅人可以得到各地特產作為回禮，甚至還有溫泉旅遊禮券、電器、餐具、體驗課程以及各種生活用品等供選擇。想要納稅的地方和回禮都可以自由選擇。

根據每個人所得的不同有相對應的捐獻免稅上限，在這個額度上限內，可以自己決定要捐獻的金額和納稅的地方，也可以同時向多個地方納稅。至於能夠捐納多少錢，可以透過網路上提供的計算公式算出來，非常方便。對納稅人來說，得到各式各樣的地方回贈品是一個很大的吸引力。因此，每年利用此制度的納稅人愈來愈多，我們家也是這個制度的愛用者。接下來，就介紹我們從家鄉納稅中所得到的各種豪華贈禮。

水蜜桃禮盒

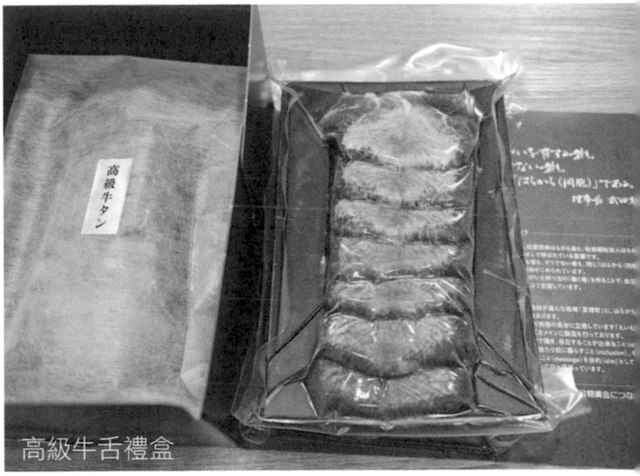

高級牛舌禮盒

一日公司社長和一公斤和牛怎麼選？

各地方納稅的回饋贈品五花八門、多不勝數，也有非常奇特的選項：像是體驗一天公司社長或成為姬路城城主……等，而最受歡迎的還是各縣市的美食。佐賀的和牛、北海道的鮭魚卵、松葉蟹和帆立貝、九州的黑毛和牛、宮城縣的頂級牛舌、日本各地的名牌米以及各縣市的人氣水果等，都是夢幻回饋贈品排行榜上的常客。

佐賀縣嬉野市出產的和牛是家鄉納稅中高人氣的回禮，納稅一萬日幣可以得到一公斤的和牛切片呢！基本上，各地方的回禮價值大約是捐獻金額的百分之四十，但這品質優秀、油花均匀的和牛，絕對是物超所值！拿來當壽喜燒的主角是最適合了，在鍋中涮個兩三下馬上拿起來沾蛋汁，在香濃醬汁與清爽蛋液絕妙的平衡下太美味了！

為了搭配佐賀牛的壽喜燒，我們同時選擇了向長崎縣松浦市納稅五千日幣，從回禮中選了當地農場的新鮮雞蛋四盒，不論煎荷包蛋還是直接淋在白飯上吃都很棒，當然和佐賀牛的壽喜燒非常絕配，讓我們都感到非常驚豔，吃得很開心。後來還拿來做舒芙蕾鬆餅和蛋包飯，本來想四十顆雞蛋太多會吃不完（其中一盒拿去送人了），結果在賞味期限內就通通吃光光了！

在家鄉納稅的贈禮中，各式各樣的華麗海鮮是大家平常夢寐以求的美食，也是大家很喜歡的回禮選項。其中北海道的帆立貝經常被選為最受歡迎的前十名之一，退冰後直接生食或炸成酥酥脆脆的炸物都很適合。許多人也會藉此機會挑選平日很難入手的豪華食材，像我們家選了高知縣須崎市奢華感十足的伊勢蝦，納稅金額雖然是兩萬日幣，但送來了兩隻新鮮無比的伊勢蝦。處理成生魚片直接吃奢華度破表，蝦頭再拿來燉煮味噌湯，香醇濃厚的蝦黃讓湯頭更具風味。

另外，北海道八雲町和道森町的醬油漬鮭魚卵也很受歡迎，將鮭魚卵豪氣地鋪在白飯上大口大口的吃，太享受了；或者可以和烤鮭魚組合在一起做成鮭魚肉與鮭魚卵的親子丼，再加一顆溫泉蛋並撒上海苔絲就很完美了；而北海道的鹽漬鮭魚也是人氣商品，因此一起申請的人也很多喔。

記得有一次回台灣之前大塚先生一直在尋找好吃的海膽，因為他和我家阿公都很喜歡，為了讓阿公也可以品嘗到美味的海膽罐頭，大塚先生在網路上找了一段時間。通常看上的不是缺貨就是對產地不滿意，最後終於搶到了三瓶青森縣產的夢幻海膽，用自己的故鄉納稅金額申請，讓我們可以帶回去台灣給阿公一飽口福。好吃的海膽除了沒有腥味外，還帶著天然的甜味與香氣，吃進嘴裡入口即化卻韻味無窮口齒留香，阿公一吃馬上就知道大塚先生在堅持什麼了。

佐賀牛

北海道帆立貝

長崎縣農場雞蛋

壽喜燒

帆立貝生炸兩吃

壽喜燒蛋汁沾醬

北海道醬油漬鮭魚卵

伊勢蝦生魚片

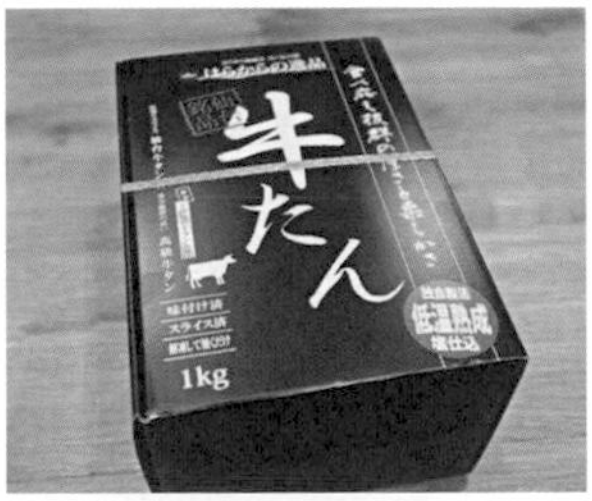

仙台高級牛舌

鮭魚肉與鮭魚卵的親子丼

伊勢蝦頭味噌湯

燒烤牛舌

送美食同時也送好運

九州出產的豬肉一直是豬肉界中的王牌代表。向福岡縣上毛町納稅一萬日幣，便可以得到四公斤之多的豬肉片，量多超值是最吸引人的地方。放在冷凍庫中隨時可以料理，是主婦們的最佳支援。雖然豬肉片不算是奢華品，但這種生活必需品在短期間內不用再費心採購，頗令人開心。而且每一片尺寸超大、油脂分布均勻，無論煮湯、炒菜、拿來當涮涮鍋的主食都非常適合。

福岡縣春日市的博多風味明太子，也是頗受好評的地方贈禮。直接加在白飯上就可以吃好幾碗，拿來做成明太子義大利麵也很美味。此外，北海道的養殖鮑魚、京都府福知山市的燒酌「黃金的夢」、北海道旭川市的成吉思汗羊肉五種部位、德島縣阿波市的豬肉組合、紀州有田蜜柑純果汁等我們都申請過。多虧了這個制度，讓我們家有機會認識這麼多當地名產，簡直就是一個與日本各地夢幻食材相遇的幸福管道。

最後要介紹一個很特別的回禮，就是福岡縣太宰府市和一蘭拉麵合作的禮品。除了有一盒五組的人氣一蘭拉麵外，還有一個福岡限定組合，裡面有限定版本的拉麵和碗公。因為地緣關係的太宰府天滿宮祭奉的是學問神菅原道真，於是他們準備了一個寫著「合格」兩個字的五角形碗公，希望帶給捐贈者好運。一邊吃美味的拉麵一邊有考試合格的氣氛，最後當整碗拉麵吃完見底時還出現「決定」兩個字，讓人有種通過考試的喜悅。由於這項回禮是獨有的地方限定，市面上購買不到的，所以捐獻納稅的金額也不低，需要三萬日幣。

博多明太子

家鄉納稅制度也有雙面刃

其實家鄉納稅獲得的贈禮除了可以自己享用外，還可以當作禮品送給別人。只要在申請的時候填寫對方的地址，經辦人就會把禮品包裝好寄送給對方，是一個不錯的節慶贈禮方式。我們家曾經收到大塚先生的好友送來的福岡縣人氣火鍋禮盒，裡面包含了美味知名的華味雞、湯底和調味料，可以煮出一鍋濃郁的地雞火鍋，令人印象深刻。

家鄉納稅制度看起來似乎是一舉數得、納稅人與地方政府雙贏的制度，但事實上也引起了不少的問題。例如為了吸引納稅人向自己的地方自治體捐獻，各地方使出渾身解數，與各家鄉納稅相關網站合作投入不少廣告費用，因此將獲得到的稅金真正利用在地方建設上的數目令人質疑。另外，各地方競爭下出現了贏家與敗家，演變出另一種不均衡發展，需要重視與省思。無論如何，家鄉納稅制度的初衷是支援家鄉，許多人也開始呼籲各地方政府，應該充分利用這項制度復甦經濟、提振地方活力，而不是過分專注在回饋禮品上的投入與競爭！

看了以上的家鄉納稅回禮，除了大致可以看出日本各地的物產與日本人的美食喜好外，也可以稍微認識一下所謂的家鄉納稅制度。如果台灣也實施這樣的制度，大家最想要的回禮是什麼呢？我家大塚爺爺則是在旁碎碎唸：「想繳稅到台灣去換芒果、蓮霧、綠棗、荔枝、烤鴨、小籠包、夜市小吃……」（笑）

京都府福知山市的燒酎「黃金的夢」

青森縣產夢幻海膽

一蘭福岡限定組合

紀州有田蜜柑純果汁

日本四季水果風貌

那些有錢也不一定買得到的稀有品種

麝香綠葡萄

日本四季分明、各季節有不同的水果也吸引了許多人到超市購買享用，跨越冬天到春天的草莓、初夏的水蜜桃和櫻桃、夏季的哈密瓜、夏秋之際的葡萄等，都是大家喜愛的必吃水果。這篇將要介紹這些水果的特色與種類，有機會來日本超市購物時，別忘了也品嘗一番各季節不同風味的甜美水果，尤其是日本特有的品種與知名品牌，在台灣縱使買得到售價也比當地貴出許多，不趁著來日本大吃特吃，更待何時呢？

跨越冬季到春季，日本草莓品種大盤點

在日本冬季到春季的眾多水果中，草莓可說是最具吸引力的，除了外表鮮嫩欲滴頗具魅力，甜美多汁帶著微酸的滋味與迷人的香氣，讓人難以抗拒。據日本農林水產省官網的資料顯示，日本的草莓品種竟然多達三百多種，其中在市面上流通的也有五十多種。光是茨城縣就有十五個品種，德島縣也有十一種，每一個品種都有專屬的名字，每個名字聽起來都很有意思！

根據東京中央批發市場的統計，栃木縣的栃木少女（とちおとめ）、福岡縣的甘王（あまおう）、靜岡縣的紅臉頰（べにほっぺ）和佐賀縣的佐賀穗香（さがほのか）是市面上流通量最大的四個品種，因此大家去日本超市裡看到的草莓大多也是這四個品種居多。超市是最方便與價格合理的草莓購買之處，通常一盒約四百至一千日幣之間，如果要品嘗高級且精心嚴選過的草莓，建議可以到高級水果專賣店或百貨公司裡的水果販賣區，當然價位可能就不便宜囉。

有「草莓國王」之稱的福岡甘王，外觀圓潤飽滿，有時還可以看到驚人的超大尺寸。鮮嫩欲滴的外表非常討喜，雖然價位比較高一點，消費者仍喜歡它香甜多汁、濃郁芬芳的味道；因此，許多甜點會標榜使用了甘王來吸引顧客。關東地區市占率第一的栃木少女，相比之下尺寸偏小，外觀屬於細長型，但它小巧可愛的模樣、酸味較重的特色加上價格相對便宜，也有一群廣大的愛好者。

靜岡縣的紅臉頰草莓，在外觀和果肉上都呈現濃郁的鮮紅色，宛如少女紅潤的臉頰般，因此得名。這種草莓是一款各方面都平衡得恰到好處的品種，甜度和酸度均衡，軟硬度剛好。外觀也不會太圓也不會太細長，是一款追求中庸之道的草莓。

佐賀縣的佐賀穗香和甘王同樣屬於九州的草莓，但顆粒較小，果肉偏白，帶有清新淡雅的風味。在包裝上，常常可以看到可愛的人偶莉香娃娃，吸引小朋友的注意力，也喚起了主婦們的童年回憶，可說是十

分聰明的推銷手法。

除此之外，還有一些稀有難得一見的草莓品種，通常價位也頗高，白色草莓算是其中的一種，像是叫做淡雪的白草莓由熊本縣所產，偶爾在超市也能見到。我們家也曾在網路上訂購過一些稀有的夢幻草莓，例如德島縣產的新品牌幸之香。為了迎合近年來大家喜愛的德島桃莓和櫻桃桃莓，專家們利用名產地「勝占」的專業栽培技術培育出了這款草莓。一盒二十粒的幸之香要價四千多日幣，但其濃郁香醇的甜美風味卻是出類拔萃，令人一吃難忘。而且這種新開發出來的幸之香也非常巨大，和一般草莓相比在個頭上的高下立見，很引人注目。

白草莓「淡雪」

伊賀の里モクモク草莓

介紹另外一款價格超級親民的夢幻稀有草莓，每年只有幾次販售機會，但一開放就秒殺完，那就是三重縣的「伊賀の里モクモク草莓」。每年約在六月播種，九月定植並分配至溫室，十月中開花，十一月底開始手工採摘，耗時一個月的時間。因此，只開放幾次供消費者購買。起初，我們還在納悶為什麼它這麼難訂，但當我們品嘗到它超群絕倫的香甜滋味就明白了，重點是價格還非常實惠！

大家吃草莓時最常從尖端開始，但其實從蒂端開始吃更有漸入佳境、愈吃愈甜的感覺，因為尖端是草莓最甜的部位。除了直接吃外，還可以淋上煉乳一起享用更加甜美。另外，日本人也會放進牛奶中用湯匙壓碎後變成草莓牛奶，市面上也有賣專門用來擠壓草莓的湯匙呢。最後再告訴大家我的私房吃法，就是把草莓冷凍變成冷凍草莓，對於草莓這種容易熟透的水果，冷凍保存可以延長其賞味期限。我會在蒂部挖一個小洞，擠入煉乳，再用保鮮膜包起來放進冷凍庫，這樣拿出來的時候就是一個自家製作的草莓甜點冰品，大人小孩都很喜歡。

初夏的水蜜桃、櫻桃和夏季的哈密瓜

山梨縣可謂是日本最大的水蜜桃產地，每年初夏約在六月便可品嘗到香味濃郁、甜滋滋的水蜜桃。該縣出產的「日川白鳳水蜜桃」更是水

櫻桃＆水蜜桃

日川白鳳水蜜桃

蜜桃中的瑰寶，色澤紅潤鮮豔、外形豐實飽滿，一口咬下甜美多汁的果肉瞬間滿足味蕾，吃完更能唇齒留香。

另外一款初夏令人期待的水果是精緻小巧的櫻桃，一顆顆鮮嫩紅潤的模樣，讓人口水直流。山形縣的櫻桃產量居日本之冠，其在溫室中精心栽培的「佐藤錦」和「紅秀峰」櫻桃是最受歡迎的品種。每一顆櫻桃都呈現出剛採收下來的鮮嫩色澤，加上迷人可愛的模樣，在視覺上已經充滿了無限的吸引力。彈性十足的果皮下是鮮嫩多汁的果肉，櫻桃特有的香氣散發在口中，吃完後清爽宜人，讓人一顆接著一顆欲罷不能。

山形縣「鶴姫」網紋哈密瓜

哈密瓜切法

夏季另一個必吃的美味水果是香濃甜美的網紋哈密瓜，分為紅肉與青肉兩種，也是贈送禮品的最佳選擇之一。北海道的夕張哈密瓜、靜岡縣的皇冠哈蜜瓜、日本產量第一的茨城縣哈蜜瓜以及熊本縣的哈密瓜等，可說是日本的人氣品種。此外，山形縣的「鶴姫」網紋哈密瓜是日本三大砂丘之一庄內砂丘的特產，生長在排水良好、日夜溫差大、陽光充足的環境下，孕育出甜度卓越、香氣迷人的沙丘哈密瓜，是另一種令人垂涎的逸品。

哈密瓜最大的魅力是當一刀切開時，它撲鼻而來的濃郁香氣著實讓人陶醉。觀察它剖面的纖維紋路和甜美多汁的果肉，讓人不禁垂涎三尺。那麼，買回來的哈密瓜，什麼時候才是品嘗它最佳的時機呢？請先在哈密瓜的底部用手指輕輕按壓，當它變得柔軟有彈性，T字蒂頭萎縮乾枯，並散發出濃郁的香氣時，就是最佳的時機。在此之前，哈密瓜保存在室溫下就好，待要食用時再放到冰箱冰鎮。冰過的哈密瓜切成一片片或切成塊狀，直接裝在哈密瓜皮內，不僅視覺效果好，味道更是一絕。如果再搭配生火腿和一杯美酒，又是另一種極致奢華的美食饗宴。來日本旅遊時，若逢產季很推薦大家把它帶回飯店大飽口福。

夏秋之際的葡萄

葡萄是日本夏秋之際最受歡迎的代表水果，以下介紹日本市面上受歡迎的幾種葡萄，從產地、特色、味道和吃法著手，為來日本旅遊的朋友提供更多選擇。

首先是長野縣的麝香綠葡萄和紫葡萄，長野縣的葡萄在日本享有很高的評價。麝香綠葡萄有著綠寶石般的色澤，顆顆飽滿圓潤，一看就令人垂涎欲滴。長野縣還出產另一種知名的長野紫葡萄，這個地方的光、風、水三大元素平衡度優秀，為紫葡萄提供了絕佳的生長環境。紫葡萄的深紫色和濃郁的葡萄芳香不僅讓人食欲大開，還具有豐富的營養價值，補氣養血效果顯著。

長野紫葡萄雖然不如麝香綠葡萄大顆，但其甜度卻不遜色，兩款葡萄在顏色和外觀上完全不同，且味道也大不相同。綠葡萄口感清新爽口，帶著淡雅的清香；而紫葡萄則是香甜濃郁，帶有微妙的酸味。如果說麝香綠葡萄像一位清秀佳人，那麼長野紫葡萄就是一位風情萬種的大美人，連皮一起吃的話，還能感受到略微苦澀呈現的成熟風味。

接著是大家心目中的夢幻葡萄，岡山縣的亞歷山大麝香綠葡萄和晴王麝香綠葡萄。岡山縣的葡萄一直以來都享有高品質的評價，在當地農民的努力不懈和不斷改革下，使其獲得了「岡山的葡萄與眾不同」的公認評價，其中亞歷山大麝香綠葡萄的名氣和人氣更是無與倫比！這款據說連埃及豔后都愛的綠葡萄，最初盛產於北非一帶，後來由埃及的亞歷山大港口輸出，並在日本成

長野縣產紫葡萄

岡山縣亞歷山大麝香綠葡萄

功栽培於溫室中，因此得名為亞歷山大麝香綠葡萄。清脆頗具彈性的皮一咬開，豐郁多汁的芳香果味立即在口中散發出來，充滿著清新夢幻的風味，吃過後絕對讓人久久難以忘懷。

「晴王」是岡山縣特產的綠葡萄品種，得名於岡山縣常年晴朗的天氣。因日照時間長、晴天日子多，晴王的果實顆大肉厚，皮薄質嫩，酸味低、甜度高且無籽。果實外觀呈翡翠綠色，如翡翠寶石般美麗，一顆顆飽滿厚實手感沉甸甸的、香氣怡人、口感清脆無比，是絕佳的水果之選。

貓眼黑葡萄 Pione 是巨峰葡萄的品種，但果實比巨峰更大更圓潤。長

日本第一的紅寶石浪漫

野縣和岡山縣是貓眼黑葡萄 Pione 的主要產地。這兩個縣市的氣候特點是雨量少日照長，因此貓眼黑葡萄 Pione 在這裡生長茂盛，充分吸收陽光的能量，將濃郁香醇的甜味鎖在黑紫色的外皮下。冷藏後食用，你會發現它的果肉富有彈性，並帶有優雅微酸的風味。雖然甜度不如巨峰那麼濃郁，但清爽高雅的獨特風味一定會讓人留戀回味。

此外，山梨縣的葡萄產量和栽培歷史在日本也是數一數二的地方。在這裡，有一種特別的品種叫做「特拉華葡萄」，顆粒小巧精緻，最早來源於美國特拉華地區，後來傳至日本。對於「特拉華葡萄」，有兩派不同的吃法。一派喜歡輕輕擠出果肉，享受細緻的纖維和甜美的汁

液，愈吃愈香甜，讓人意猶未盡。另一派喜歡直接連皮享用，咬下的瞬間感受到彈性十足的果肉從清脆細緻的外皮中彈跳出來，最後帶點微微酸味的葡萄皮殘留在嘴裡也別有一番滋味。

最後，要分享一款我吃過最珍貴、最稀有的葡萄，它的滋味和口感讓我一瞬間就被征服了。這款葡萄名為紅寶石浪漫「ルビーロマン」（RUBY ROMAN），是石川縣出產的一種宛如紅寶石般的葡萄。這款葡萄曾在二〇一七年的首次拍賣上創下一串三十萬元台幣的標價紀錄，二〇二二年更以一串一百五十萬日幣的天價被標下。它的體型是巨峰葡萄的兩倍大，花了石川縣農業研究中心十四年才培育成功。在

青森蘋果

一般的賣場是很難買到的。紅寶石浪漫已經被農民公認為日本第一，甚至有自己的官網，每年會開放預約購買。如果你有興趣，可以參考官網訊息。https://www.rubyroman.jp/

不同季節造訪日本，品嘗當季水果也是旅程中的樂趣。除了前面提到高人氣的水果之外，日本的超市裡還能發現其他獨具特色的品種，如蘋果、蜜柑、梨子、洋梨、柿子、西瓜等等。此外，每個縣市還有其特產水果，就拿青森縣的蘋果來說，竟有數十種品種，有些在其他縣市還吃不到的。下次造訪日本時，務必到超市選購一些水果回飯店品嘗，感受一下日本的四季風情在水果上的變化。

CHAPTER 3

讓人無法抗拒的日本甜點

日本的甜點種類繁多，花樣也多彩多姿，是大多數遊客來日本的重點目標之一。無論是代表日本文化的和菓子，還是推陳出新不斷變化的洋菓子，都非常精彩。即使是各國有名的甜點商品，在登陸日本後也會被重新包裝、演變發展出日式極致的商品化形式。

由於篇幅有限無法將全部的甜點都納入本書詳細介紹，先從大塚家的吃貨們喜歡的種類與品牌著手，希望打開一扇日本甜點殿堂的門，讓大家能先在玄關處窺探一二。

日式和菓子（上）

代表日本文化的日式甜點

日式和菓子

日式傳統甜點種類繁多，其中最讓人驚豔的莫過於將日本和菓子文化發揮到極致的手工生菓子，日文稱為「練り切り」。此外，和「餅」（もち）有關的甜點也特別多。「餅」的日文發音（mochi）跟我們中文的麻糬很像，也確實有些餅就是用麻糬做的，這篇文章也會介紹幾樣。另外還有蕨餅、銅鑼燒、金鍔（きんつば）、最中和仙貝等都是我們家愛吃的。雖然這些日式甜點的賞味期限大多不是很長，如果有機會遇到的話，建議可以在旅遊期間盡情享用喔。

宛如藝術品的「練り切り」

「練り切り」是一種以白豆沙和砂糖為主要原料，加上食用顏料，創作出各種造型和色彩變化的和菓子。這些甜點的創作靈感源自四季的變化，以及各類節慶、祭典、風景等，每個作品都是職人們用心製作的心血結晶，其極為細緻精美的程度總令人嘆為觀止，可謂是吃的藝術品。

記得我家公婆隨不同時期買回來的練り切り總是充滿著季節和節慶的氛圍。例如：節分日會出現鬼面造型，女兒節會有花朵造型，梅雨季節會有紫陽花，夏季會有煙火、向日葵和西瓜等，甚至西瓜裡的紋路也唯妙唯肖。被視為是傳遞著日本文化的美食代表，品嘗時佐一杯抹茶，簡直是完美的配搭！

水果造型的手工生菓子

節分日造型手工生菓子

女兒節造型手工生菓子

讓人受不了誘惑的麻糬甜點

愛吃麻糬的民族日本變出了很多花樣的麻糬甜點，大家最常看到的就是日式糰子和大福，其中甜醬油糰子、燒烤糰子、三色糰子等在超商超市和一般的和菓子商店裡都買得到，也是觀光景點攤販上的人氣甜點。大福則有參雜黑豆的豆大福，裡面包有餡料的紅豆泥大福，還有大家喜愛的草莓大福等。

許多知名和菓子店鋪都有各家自豪的草莓大福商品，介紹一間在晴空塔商店街二樓甜點區的「旬果瞬菓共樂堂」，他們家草莓大福的草莓超級大顆讓人光看就垂涎三尺。店裡使用的是有「草莓國王」之稱的福岡甘王（あまおう），而且還是嚴選中的嚴選，都是超大顆的尺寸。因為太大顆包不進大福裡，所以只好直接整顆擺在大福上面，看起來和一般的草莓大福不太一樣。大福是以手工做的麻糬皮，包著店裡特製的紅豆內餡，再結合濃郁多汁的福岡甘王草莓，奢華的外表和滋味立刻擄獲了我們一家的味蕾。

旬果瞬菓共樂堂（晴空塔店）
東京都墨田区押上 1-1-2 ソラマチ 2F
10:00 ～ 21:00
https://www.kyorakudo.co.jp/

Q彈嫩滑清爽不膩的蕨餅

頗受台灣人喜愛的蕨餅（わらび餅），儘管也稱為「餅」，但它與以糯米做成的麻糬有所不同。蕨餅呈現淺褐色，有點透明，通常沾黃豆粉和黑糖蜜享用。它帶點甜味，口感Q彈嫩滑，柔軟有彈性是它最受歡迎的地方。蕨餅的主要原料是蕨菜根做成的粉末，在各大超市、和菓子商店都可看到它的蹤跡。我們家常吃的是金澤縣知名「和菓子村上」的蕨餅，尺寸大、份量十足是他們的特色。在日本橋高島屋、池袋東武、澀谷ヒカリエ、小田急町田、北千住マルイ、橫浜高島屋等地的地下美食甜點街也可買得到。

冰冰涼涼微甜的滋味加上Q彈嫩滑的口感，入口後就在嘴裡融化留下清新的黃豆粉餘韻令人回味。因為蕨餅質地非常輕盈，多吃幾塊也不會膩，與麻糬給人飽滿厚重的感覺完全不同，非常適合當下午茶或飯後甜點。除了一般的黃豆粉口味外，也有抹茶口味。抹茶淡淡的苦澀與蕨餅本身微微的甜度提升了不少層次感，推薦給不喜歡太甜的朋友們。和菓子村上的蕨餅吃起來非常清爽，沒有過多的醬料修飾，有的只是食材單純的滋味。

和菓子村上
石川県金澤市泉本町 1-4
08:45 ～ 17：30
https://www.wagashi-murakami.com/

老時光裡的味道——金鍔（きんつば）

淺草「滿願堂」雖然是一間開業不到四十年的地方和菓子名店，但卻是我家大塚爺爺從年輕時就經常拜訪的店家，他們採用嚴選優良的地瓜所製作出來的金鍔（きんつば），是遠近知名的招牌點心，也是爺爺常買回家的日式甜點。不常去淺草的他，卻可以為了回味這個老時光裡的味道而專程跑一趟；據說是大塚爺爺以前經常買給愛妻享用（對！就是大塚婆婆），所以也是大塚先生和小姑從小吃到大的點心，可說是擁有共同回憶的甜點。於是藉由品嘗這款有大塚家共同歲月的きんつば，也能讓我和小鬼們有機會參與這段老時光。

除了地瓜口味外，滿願堂的「きんつば」還有甜度適中的紅豆口味。將滿滿的烤地瓜泥和紅豆餡包在薄薄的一層烤餅皮裡，用料實在、味道樸實，讓人吃了有種溫柔的懷舊感。此外，我特別喜歡他們的包裝紙，描繪了淺草一帶的隅田八景，以生動雅致的筆觸展現淺草的美麗風光，讓人根本捨不得丟掉，想要收藏起來。

滿願堂（仲見世店）
東京都台東区淺草 2-3-1
平日 9：30 ～ 17：30
週末、國定假日 9：00 ～ 18：00
http://www.mangando.jp/index.html

日式甜點經典代表——銅鑼燒

我們家婆婆非常喜歡銅鑼燒，因此經常會買回家來當下午茶點心，她最常買的三家是淺草老鋪「龜十」、上野「兔屋」和「KITAYA 六人衆」的銅鑼燒。這三家各具特色與風味；其中淺草老鋪龜十具獨特風味的絕品銅鑼燒非常受歡迎，有白餡和紅豆餡兩種口味，據說還是日本排名第一美味的銅鑼燒！龜十除了尺寸大得驚人，外皮的蓬鬆感更是出類拔萃，可說是銅鑼燒界中的一絕。我們家常點的白餡口味，是採用名為手亡豆的白色四季豆製作而成，爽口高雅、甜而不膩，非常值得一試。

人氣名店「兔屋」在東京共有三家

店，分別位於上野、日本橋和阿佐ヶ谷。上野本店是創業者初代於大正二年開業，後來他的兒子在日本橋、女兒則在阿佐ヶ谷各自經營了兔屋的分店。據說這三間從包裝到製作手法各有微妙的差異，但傳承的根本原則不變。細緻綿密的經典外皮、傳統風味偏甜的紅豆蜜餡與中規中矩的尺寸大小是他們最大的特色。喜歡傳統日式甜點的朋友們應該也會愛上兔屋的銅鑼燒，建議再搭配一杯熱茶剛剛好。

KITAYA六人衆的銅鑼燒，雖然是創業六十年老鋪「喜田家」所推出的新品牌，相較於前面提到的兩家老字顯得年輕新穎許多，屬於日式摩登的風格。由喜田家精心挑選出來的六位專業職人負責執行與製作，所以新品牌的名字叫做「六人衆」，而銅鑼燒就是他們自豪的招牌。採用沖繩縣波照間島純黑糖所製作出來的外皮，柔軟中帶點彈性還散發著迷人的黑糖風味，搭配著甜度剛好的紅豆餡，一口咬下從外到內口感十分契合，令人印象深刻，是我個人非常鍾愛的一款銅鑼燒。本店位在青山，另外在日本橋三越、丸大樓和晴空塔商店街二樓甜點區裡也有店鋪，更多其他店鋪資訊請查閱官網。

KITAYA 六人衆
東京都港区北青山 2-7-18 第一真砂ビル 1 階
10:00 ～ 19:00
http://www.rokuninshu.jp/

兔屋
東京都台東区上野 1 丁目 10 番 10 号
9:00 ～ 18:00（定休日 週三）
http://ueno-usagiya.jp/

龜十
東京都台東区雷門 2-18-11
10:00 ～ 19:00
https://tabelog.com/tokyo/A1311/A131102/13003655/

秋季必吃的栗子最中和栗子羊羹

栗子是秋天必吃的美食之一，尤其是採用栗子做成的甜點，更是受到大眾喜愛。我們家最喜歡的兩款栗子甜點分別是「栗子最中」和「栗子羊羹」，每年販賣的季節一到就會去買來享用。

位於東京下町墨田區的「お城森八」是一家強調歷史傳承的和菓子名店，秋季最自豪的代表產品是採用大顆栗子製成的栗子最中，有白餡和紅餡兩種口味。外層是入口即化的最中餅皮，內裡包著一顆大栗子和濃厚的甜蜜餡泥，將傳統和菓子的魅力展露無疑。搭配一杯熱茶，更是一種完美的享受。

「仙太郎」是一家在京都和東京擁有多家店鋪的和菓子名店。秋季時會推出一款期間限定的栗子羊羹，是我們家每年最期待的甜點之一。

這款羊羹最特別的地方是上面鋪滿了大顆栗子，讓人吃得格外過癮又盡興。紅豆蜜羊羹是這家店的經典之作，再加上用料奢華的栗子，一同舞出絕妙的秋季風彩，讓人回味無窮。同時也感受到仙太郎手工製作的溫潤感，各店鋪詳細資訊請查閱官網。

仙太郎（三越銀座店）
東京都中央区銀座 4-6-16 B2F
10：00-20：00
官網：https://www.sentaro.co.jp/

お城森八
東京都墨田区業平 1-3-6
9:00 ～ 18:00
https://www.morihati.co.jp/

富士山仙貝

日本橋錦豐琳

富士山仙貝
適合帶回台灣送親朋好友

「日本橋錦豐琳」源自於東京繁榮的現代與古典文化交匯之地，日本橋一帶。現在，除了日本橋本店，他們在東京車站、晴空塔、北千住和千葉浦安都有分店。其實他們最有名氣的商品是各種口味的花林糖，一根根炸好的酥脆脆餅與各種糖醬結合在一起，愈吃愈夠味。但這裡要特別介紹他們的世界遺產富士山七景仙貝，非常適合當伴手禮，每一枚都是富士山的形狀，小小的一口尺寸非常可愛，一共有七種顏色，每一種顏色代表一種口味。

白色的白砂糖粉、綠色的抹茶、紫色的紫芋、黑色的芝麻美乃滋、紅色的唐辛子和乳白色帶著各種顏色晶糖的富士山仙貝，各有特色。最特別的應該是黃色的富士山，本來以為是咖哩口味，看了介紹後才發現原來是薑黃，難怪有一種獨特的辛香料味道。這些不同的口味為這款伴手禮增添了豐富的層次感，不僅外觀可愛，口感也十分美味。大家來東京旅遊看到時不妨多帶幾盒回去，給親朋好友一份驚喜。

日本橋錦豐琳

東京都中央区日本橋小傳馬町 16-14

9:30～18:30
（定休日 第一和第四個週六、假日）

https://www.nishikihorin.com/

各地日式甜點的集合販賣會千萬別錯過

有一次我們在賣場裡遇到一個集合各地日式甜點的販售會，買到了伊勢名物「お福餅」，這是一種裡面是麻糬、外層裹上一層紅豆泥的日式甜點，和大家熟知的「赤福」相似。我還特地上網查了一下，お福餅和赤福有何不同。原來這兩家店都是發跡於三重縣伊勢市的百年老店，お福餅有二百八十多年歷史，而赤福則有三百多年歷史。據說お福餅是以手工逐一製作而成，而赤福則主要是透過機器製作，因此赤福的紅豆泥比較細緻、口感滑順均勻，而お福餅的麻糬則比較Q嫩富有彈性。不過，這兩款甜點同樣美味，都是有名的伊勢甘味，深受各地人們喜愛，最終就看個人喜好來選擇。

另外，還有京都五條百年老店「五建外良屋」的超大甜醬油糰子與口感更輕盈柔嫩、色澤幾乎完全透明的獨特蕨餅。一次可以享用到我們最喜歡的幾樣傳統日式甜點，是一場經典名物的大集合。若有機會在日本的超市或市集與來自各地物產相遇，絕對不能錯過品嘗的機會喔！

赤福

京都五條「五建外良屋」蕨餅

日式和菓子（下）

來日本後愛上的日式甜點

葛切涼粉

上一篇介紹了日式和菓子裡的基本款和適合帶回台灣當伴手禮的商品，接著想著重在我來到日本之後愛上的日式甜點，以及我家公婆介紹給我這個台灣媳婦的私房甜點，私心的想把這些甜點讓讀者一起用眼睛品嘗，畢竟代表著幸福的甜點怎麼也不嫌多啊。

一吃就愛上的葛切涼粉「くずきり」

第一個登場的是我個人非常喜歡的獨特甜點，記得第一次吃到日本的葛切涼粉「くずきり」，從此就迷戀上它無法自拔了！葛切涼粉以葛根粉製成，葛根粉是從葛屬植物的根部提取出來的澱粉，晶瑩剔透的外觀、Q嫩的口感與冰冰涼涼的觸感是其最大的特色，通常會淋上黑糖蜜一起享用。葛切涼粉既可當作甜點也能當鹹食，例如在家吃火鍋時，我們會偶爾將葛切涼粉加入湯中，口感類似透明的寬麵，但更加輕盈順滑。無論是甜的或鹹的，我都非常喜愛。

葛切涼粉在一般超市或日式甜點專賣店都買得到，在吃過許多的葛切涼粉中，有一家位於銀座料亭「ざくろ」（ZAKURO 柘榴）的葛切涼粉是目前我最愛的。這裡的葛切涼粉盛裝在一個上下兩層的漆器裡，下面是放在冰水中呈現清澈透明的葛切涼粉，上面則是甜蜜濃稠的黑糖蜜。將冰涼Q嫩的葛切涼粉拿起來沾著黑糖蜜一起享用，當冰冰涼涼、QQ嫩嫩的粉條與甜甜蜜蜜的黑糖蜜在嘴裡共舞時著實令人拍案叫絕！咻咻咻～～～一口接著一口真是絕品！

這間ざくろ是我家婆婆介紹給我的私房餐廳，也是剛開始和婆家住在一起時婆婆常帶我去的。當時婆婆想把最喜歡的銀座介紹給我，而這間日式料亭是她去銀座時經常拜訪的愛店。她認為帶我去吃她喜歡的東西最能拉近婆媳之間的距離，所以我和婆婆在這裡擁有許多美好的回憶呢。

ざくろ（ZAKURO 柘榴）（銀座店）
東京都中央区銀座 4-6-1 銀座三和ビル B1F
平日 11:00 ~ 15:00、17:00 ~ 22:00
假日 11:00 ~ 16:00、17:00 ~ 22:00
https://www.zakuro.co.jp/

雖然超市裡販賣的葛切涼粉無法與傳統甜點店裡的滋味相比擬，但有一次我買到了從金澤來的西瓜葛切涼粉，從包裝外觀到裡面裝的葛切涼粉都充滿西瓜的元素。味道也是濃濃的西瓜風味，連黑色的西瓜籽也用蒟蒻做成一顆顆模樣逼真的裝飾，當然，它依然保留了葛粉涼切冰涼清爽的特色，只是多了一份西瓜味。因此，若無法抽出時間前往日式甜點店，不妨在住宿旅館附近的超市尋找葛切涼粉的蹤影。

金澤來的西瓜葛切涼粉

「船橋屋」名物元祖葛餅

其實在日本用葛粉做成的甜點還有其他類型，每一種我都很愛，其中有一款叫做「葛餅」（くず餅），百年老店「船橋屋」是它的元祖。船橋屋本店位於以紫藤花聞名的龜戶天神社附近，本身是一棟古意盎然的舊式建築，店裡提供各式各樣吸引人的日式甜點和飲品，店外常見大排長龍的隊伍。店裡的招牌甜點「元祖葛餅」是我家大塚爺爺特別喜歡的，也是最有人氣的一款。有別於其他的葛根粉甜點，船橋屋的葛餅雖然也是用葛根粉做成的，但是加入乳酸菌自然發酵而成的白色葛餅，自成特色別具一格，撒上黃豆粉加上黑糖蜜，冰涼柔嫩口感有自己獨特的個性。最近他們還推出了用葛餅乳酸菌做成的養生健康飲料，掀起一股風潮。如果不想排隊入店內享用的話，可以直接在另一邊伴手禮處購買船橋屋的各式甜點，除了名產葛餅外，黑糖紅豆餡蜜、銅鑼燒、紅豆蜜湯、最中餅等也都頗有人氣喔。

極品水果大福，大塚爺爺最喜愛

大塚爺爺因為愛吃水果的關係，所以他也很喜歡各式各樣的水果大福，隨著不同的季節包裹著當季水果，帶來不同的驚喜。本店位在岐阜縣的和菓子名店「養老軒」有著傳說中的極品水果大福，草莓、香蕉和其它嚴選水果的組合被爽口輕盈的鮮奶油包圍，再以一層紅豆泥墊底，

船橋屋

葛餅

船橋屋內用空間

黑糖紅豆餡蜜

船橋屋

東京都江東区亀戸 3-2-14

9:00 ～ 18:00

https://www.funabashiya.co.jp/

一起包進細膩柔嫩的麻糬皮裡。

表面觸摸起來好像棉花糖般的水果大福，吃起來柔軟綿密，鮮奶油瞬間在口中融化意外地爽口無負擔，再多吃幾個也不膩。帶一點酸甜滋味的草莓與鮮奶油和紅豆泥的甜美絕妙契合，其他口味如巨峰、南國莓果、無花果和栗子等大福也非常吸引人。每一個內餡材料和外皮都是由和菓子職人用手工製作完成，每天一早就開始製作，為顧客帶來最高品質的和菓子美食體驗。養老軒在全日本僅有四家店，除了歧阜、名古屋和大阪也有分店。

另外一間「菓実の福」，也是大塚爺爺愛吃的牌子。它是「京都祇園仁々木」和菓子銘店成立的新品牌，雖然在眾多具有悠久歷史的老店中競爭不易，但新品牌嶄新的創意與經營手法，也另闢出自己的一片天。他們最主要的甜點就是水果大福，又以草莓大福最受歡迎。

菓実の福的草莓大福最大特色是鮮奶油和各種餡泥結合在一起的組合，有紅豆泥、白豆泥、巧克力或草莓餡泥……等。我們最喜歡的「國王草莓大福」是採用大量北海道產的大手亡豆製作而成的白豆泥，再加入砂糖和水飴調味。單純樸實的風味沒有多餘的添加物，難怪吃進嘴裡特別柔和溫潤，濃厚的豆香餘留在口中和草莓的香氣相得益彰，十分耐人尋味。

除了草莓大福外，其他種類的大福也很精彩，每個季節都有不同的期間限定，例如：獨特的胡桃巧克力香蕉、甜美多汁的蜜柑、充滿南國風情的鳳梨、濃郁甜蜜的哈密瓜、甚至還有西瓜、蘋果、奇異果、芒果、麝香綠葡萄、柿子、西洋梨、水蜜桃等，在菓実の福裡幾乎所有的水果都能做成大福。

另一樣要跟大家分享的是有著絕品爽朗風味的「八朔蜜橙大福」，這是位於廣島尾道「八朔屋」（はっさく屋）出品的。八朔蜜橙大福採用因島契約農家的八朔蜜橙，每一顆都是豐實碩大、甜美多汁且充滿著清爽芳香的酸甜滋味，宛如將春日微風和初夏清涼融合在口中，滋潤了饕客的味蕾與五感。

為了凸顯蜜橙本身的風味，選用淡雅清爽的白餡作為搭配，最能扮演出最佳配角的角色。此外，外層QQ嫩滑的麻糬皮是將糯米和蜜柑皮一同放入木製蒸籠中，蒸發掉多餘水分後，糯米染上一股清淡高雅的橙皮香味，隨後在石臼裡慢慢手工搗成蜜柑麻糬皮，彈性十足、清香無比！最後再一個個仔細地包裝起來，用印上八朔蜜橙代表卡通人物「さくみちゃん」的包裝紙，送到消費者手上，傳達職人們的熱情與執著。

撥開包裝，把蜜橙大福送入口中，先是嘗到外皮柔軟細膩的口感，接著是蜜柑清爽的風味，頓時讓胃口大開，最後微甜的爽口白餡與八朔蜜橙果肉，在嘴中交織出酸甜度完美平衡的味覺享受。相信喜歡柑橘類水果的人會愛上這種滋味，每年十月至次年八月中旬販賣，除了本店外，在全國其他地方也可以買得到，詳情請查閱官網。

養老軒（本店）

岐阜県加茂郡川辺町下川辺 273-1

9:00 ~ 19:00（假日 18:00 閉店，定休日週三）

https://www.yoroken.com/

菓実の福

京都府京都市東山区祇園町北側 347-115 楽宴小路内

週一、二 11:00 ~ 22:00

週四～六 11:00 ~ 24:00

週日、國定假日 10:00 ~ 18:00

（定休日 週三）

https://kajitsunofuku.jp/

菓実の福

菓実の福的草莓大福

傳統日式甜點「入り江」的餡蜜&紅豆抹醬

「入り江」是一家位於下町門前仲町的傳統日式甜點老店，這裡的「あんみつ」（寒天水果豌豆餡蜜）和紅豆抹醬是我家大塚婆婆吃了半輩子仍愛不釋手的點心。「あんみつ」使用來自神津島和大島天草的特製寒天，搭配獨特口感的豌豆、酸甜恰到好處的蜜柑和杏乾，還有柔嫩Q彈的求肥（一種用糯米粉做成的日式甜點食材），最後再淋上甜美香醇的黑糖蜜，簡直是完美組合。

此外，店裡還有紅豆抹醬供外帶。可以直接將紅豆抹醬塗在吐司上再加一片奶油，這種紅豆奶油厚片吐司是絕對令人垂涎的美食。還可以把抹醬加水煮一碗紅豆湯，裡面放一塊烤得酥脆又黏牙的麻糬，也是是讓人無法抗拒的美味組合。

紅豆泥抹醬

紅豆奶油厚片吐司

紅豆麻糬甜湯

入り江
東京都江東区門前仲町 2-6-6
11:00 ～ 18:30（定休日 週三，遇到國定假日或深川緣日則會營業）
https://www.kanmidokoro-irie.com/

北齋茶房內用空間

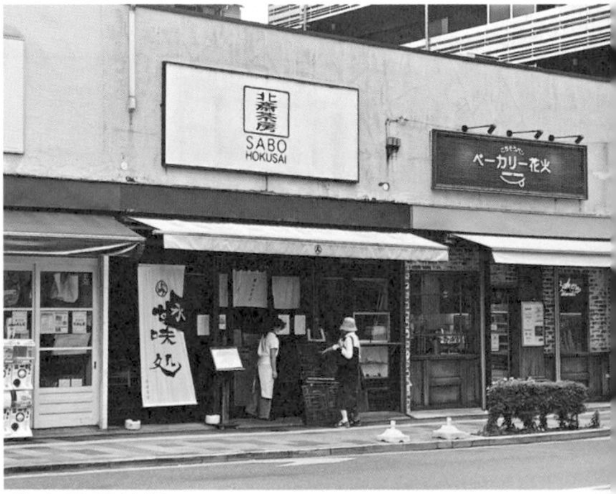

北齋茶房外觀

蕨餅

櫃檯旁的伴手禮區

下町古民房的白玉糰子百匯與大福

另一間我家婆婆經常光顧的私房甜點店「北斎茶房」，是一家位於錦糸町和兩國之間的古民房咖啡店，也是婆婆以前回娘家時常和姐妹們敘舊的去處。店內充滿著原木風味，各種日式甜點都能讓人在第一口就愛上，包括白玉糰子百匯、蕨餅、最中和人氣刨冰等等。即使不太愛吃甜點的大塚先生，對他們家的白玉和蕨餅口感也讚不絕口。婆婆最喜歡的紅豆泥夾心最中餅，也是這家店的招牌產品之一，平常她還會特地帶回家作為伴手禮。

在櫃檯處放置了各種口味的大福作為伴手禮供顧客選購，其柔軟綿密的細膩感讓我們的味蕾再度感動。

我非常喜歡這種隱藏在下町的古民房茶房，即使不在光鮮亮麗的潮流中心區，也完全不必擔心沒有客人來訪。因為來到這裡的都是為了品嘗美味的甜點而來的有緣人。我希望有一天，喜愛日式甜點的台灣朋友也能夠成為「北斎茶房」的有緣人。

北斎茶房
東京都墨田区亀沢 4-8-5
11:00～18:00（定休日 週二）
https://tabelog.com/tokyo/A1312/A131201/13009563

白玉糰子百匯

隱藏在銀座巷弄裡的終極紅豆最中餅「空也」

「空也的最中，是沒有預約則吃不到的絕品。」這句話早已在網路上廣為流傳。然而，在疫情爆發期間，大家減少外出的機會，據說，在開店後立刻去買或許有機會買到。某天，我請大塚先生帶我去試試看，果然只排了一下下，我們也買到了。焦香酥脆的外皮和柔美內斂的紅豆餡是「空也」最中餅最大的魅力所在。入口即化的餅皮在嘴裡與紅豆餡的相遇，又是另一種境界的美味。

這款點心輕盈爽口、韻味十足。沒有添加任何化學物質或防腐劑的紅豆內餡，是甜點師傅每天用小豆和砂糖手工熬煮而成的。內餡滿滿地填進空也的最中餅皮裡，吃完一個，仍意猶未盡，一點也不會感到甜膩呢。

空也最中輕盈爽口

空也
東京都中央区銀座 6-7-19
週一～五 10:00 ～ 17:00 、週六 10:00 ～ 16:00 (定休日 週日、國定假日)
https://tabelog.com/tokyo/A1301/A130101/13002591/

新食感日式洋菓子

創意融合的多層次甜蜜滋味

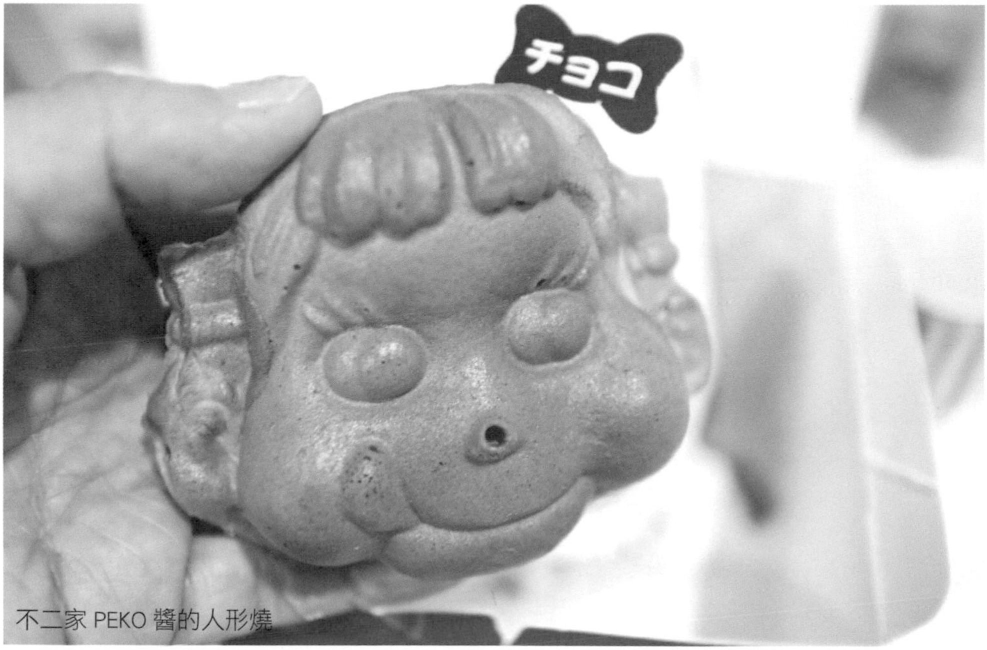

不二家 PEKO 醬的人形燒

日本人很喜歡模仿西洋的東西，然後將它變成符合日本人的口味且迎合日本人喜愛的模樣，或是乾脆直接創造一個新的東西出來，看起來明明是外來的，但在國外卻不存在。另外日本人也很會在傳統的國民美食中添加一些西方的元素，製造出和洋綜合的效果，讓東西兩方相遇在一起時，擦出令人驚喜的火花；例如「不二家 PEKO 醬」的人形燒，就是在日本傳統人形燒的概念中增加了許多西式的口味。這些就是所謂的日式洋菓子，種類也非常多，而且還在不斷地創新進化中……。

聖誕夜的草莓鮮奶油蛋糕

日本人在聖誕節夜晚必吃、大人小孩都愛的草莓鮮奶油蛋糕「ショートケーキ」（Shortcake），據說這款甜點的原型其實是來自英國，一種以厚實的餅乾為底，塗上鮮奶油後，再加上各種水果的蛋糕（Layer cake）。日本人將這個概念重新組合，創造了現在大家所熟知以海綿蛋糕、鮮奶油和草莓做成的草莓鮮奶油蛋糕（Shortcake）。所以，如果你在西方國家點一份Shortcake，它可能和大家所認知的草莓鮮奶油蛋糕不太一樣。因此，草莓鮮奶油蛋糕可說是一種具有日本獨特風味的洋菓子，並且更衍伸出各種不同的造型和特色，甚至連外國人都認為這是代表日本風格的甜點呢。

介紹幾間我們全家都愛吃的草莓鮮奶油蛋糕店，其中一家經常成為聖誕節或生日慶祝的首選，就是台灣民眾也非常喜愛的「Harbs」。他們家的草莓鮮奶油蛋糕連夏季都推出限定的夏日草莓版。精緻小巧、酸味較明顯的夏季草莓，在蛋糕中扮演著清新爽口的角色，非常適合夏天的口感；而到了冬天，Harbs的草莓鮮奶油蛋糕則轉換成冬季草莓為主角，多了柔美的甜味和濃郁的芳香，和鮮奶油共同演繹出絕妙的平衡。如果你想嘗嘗冬天和夏天不同的草莓風味，那麼Harbs的草莓鮮奶油蛋糕一定是你的不二之選。

很多人都看過Harbs的切片蛋糕，但你可能沒見過Harbs做出來的生日蛋糕呢？它的尺寸非常大，草莓數量豐富，鮮奶油濃郁澎湃，絕對會讓你吃得超級過癮！其實我的生日，也是家人所懷念之我家阿祖的忌日，在同一天裡同時有悲傷的情緒，也有慶祝生日的喜悅心情，真是百感交集。大家習慣性地在生日的前一個星期，會問我想訂什麼蛋糕呢？我每次的回答都是隨便，因為這樣的日子其實也不好太囂張，但最後大家可能是以一種彌補或疼惜的心態，都會把它變成一場浮誇又奢華的生日派對！（不是我本意啊～～～）

結果，在這樣的心態下，今年大家幫我訂了一個史上最奢華的「果實園」草莓鮮奶油蛋糕，價格也是史上最可怕的（貴到心跳會加速）！起因是當我家大塚小姑在預約蛋糕的時候，打電話問我家大塚婆婆說：「果實園的草莓鮮奶油蛋糕有兩種，一種是綜合草莓、一種是純粹的博多甘王，要訂哪一種呢？」我家那位霸氣的大塚婆婆說話了：「不必問那麼多，要訂就訂他們家最貴最霸氣的那一個！」我只能在心裡吶喊：「小姑啊～千萬別打電話問妳媽啦……」

百年銀座咖啡中的極品蛋糕

另外專業高級的水果專賣店「千疋屋」和新宿高野「TAKANO」的草莓鮮奶油蛋糕，吃得到嚴選草莓的甜美滋味。還有兵庫縣芦屋市誕生的「HENRI CHARPENTIER」，在銀座有一間東京女子喜愛的奢華下午茶沙龍「GINZA MAISON HENRI CHARPENTIER」，他們家的草莓鮮奶油生日蛋糕就跟這間沙龍一樣夢幻華麗，滿滿蓬鬆的鮮奶油宛如雲朵般柔軟輕盈，視覺與味覺都讓人很享受。

果實園的草莓鮮奶油蛋糕

新宿高野 TAKANO

SHISEIDO PARLOUR

最後要介紹的這間，是我剛來日本時婆婆經常帶我去的「SHISEIDO PARLOUR」，這間資生堂百年銀座咖啡店是一間在人們心中帶著憧憬般地位的老店鋪！永遠記得第一次進去時，就被裡面精緻高雅的環境與體貼優雅的服務態度所感動。他們自家製的蛋糕SET是下午茶裡人氣最高的，一份蛋糕和一款飲料的組合非常受歡迎，其中的草莓鮮奶油蛋糕千萬不能錯過，每一口都是「SHISEIDO PARLOUR」，引以自豪的滋味。

銅鑼燒帶來的新味覺體驗

日式甜點的經典代表銅鑼燒一直是各家和菓子店鋪的重頭戲，印象中銅鑼燒的樣子就是在哆啦A夢裡出現的傳統樣貌，紅豆泥是最基本的口味。然而隨著時代潮流的推進，這款傳統不變的日式國民甜點竟然也跟著進化，近來可以看到許多銅鑼燒以西式型態登場，除了在內餡的變化上有許多新穎的口味，連外皮都像蛋糕般愈來愈蓬鬆綿密。

位於京都東山的「七星」，他們家的升級版生銅鑼燒是祇園老鋪旅館的新提案，在銅板上燒烤出來的外皮非常鬆軟細膩，內餡則是宛如洋菓子般的夾心奶油。共有七種口味，其中的紅豆、抹茶、焙茶是日式經典，而草莓夾心奶油、楓糖、卡士達和巧克力夾心奶油則是西式口味，兩種不同風格的和洋滋味將傳統的銅鑼燒帶至另一個世界。

另外一款濃厚洋式風味的銅鑼燒「ふわふわわぬき」是「和む菓子なか又」推出的人氣商品，據說一上市就立刻完賣，在社群媒體 SNS 中形成一股流行風潮。不論是動畫還是照片，大家都被它的外觀給魅惑了。和傳統的銅鑼燒外觀完全不同，比較像是兩片蓬鬆柔軟的舒芙蕾鬆餅夾著各種美味可口的奶油夾心，完全顛覆了人們對銅鑼燒的印象。

ふわふわわぬき西式銅鑼燒，主要有鮮奶奶油、紅豆生起司、紅豆奶油和季節限定的芒果奶油等等口味，每一款都是絕妙的滋味。入口即化的鬆軟外皮是這款西式銅鑼燒最吸引人之處，直徑六公分大、厚度約四公分厚的蓬鬆外皮是加了許多蛋白所打出來的麵團燒烤而成。一吃進嘴裡像雲朵般輕盈的口感讓人驚艷不已，再加上各種奶油夾心甜潤滋味，更是給味蕾帶來驚喜！

他們的鮮奶奶油是一款可以純粹品嘗素材本身原汁原味的口味，適合喜歡單純不愛過多裝飾的人；季節限定的芒果奶油口味除了有一整塊甜美多汁的芒果果肉外，連奶油都是芒果口味，令人不禁開始期待起下一個季節限定會是什麼口味呢？

京都東山的七星

ふわふわ わぬき西式銅鑼燒

奢華感滿溢的蒙布朗蛋糕

蒙布朗蛋糕雖然是法國甜點「Mont blanc」，但被日本人發展得有聲有色，尤其是小布施堂的「朱雀蒙布朗系列」在蒙布朗蛋糕界非常有名氣，是栗子愛好者眼中的夢幻甜點。小布施堂位於以栗子聞名的長野縣小布施町，現在古民房風味濃厚的本店也成了許多甜點愛好者前來朝聖的景點。

小布施堂的朱雀蒙布朗系列主要有三大代表，一個是在本店才吃得到且完全預約制的「栗の点心朱雀」，由於食材嚴選有限，每年只提供約一個月的時間，根本是蒙布朗蛋糕愛好者夢寐以求的美味。其二，是可以在其他分店鋪買得到的「モンブラン朱雀」，採用二種奶油和「栗鹿ノ子」（一種和栗品種）製作而成的奢華栗子泥，有朱雀系列一貫的貴氣風與高級感。最後還有一種「朱雀モンブラン」，也是期間限定，但在小布施堂Shinjuku（伊勢丹新宿店）、阪急梅田本店和官網網站都可以買得到，更多詳細資訊可以查閱官網。

小布施堂朱雀蒙布朗系列

另一家著名的和洋綜合蒙布朗店位於愛知縣，名為「栗りん」，是一家時常大排長龍的栗子甜點店。他們家最高級的蒙布朗甜點是「黄金モンブラン」，採用了兩種國產和栗：熊本縣產的球磨栗和高知縣產的四万十栗。這款蒙布朗可說是極致奢華的珍品。有一次，我幸運地訂到了「栗りん」的人氣伴手禮新款蒙布朗甜點盒「栗千本」。品嘗後，十分驚訝於它是一款濃郁的日式風味蒙布朗。上層是香濃的栗子泥，接著鋪了滿滿的栗子，期間還夾著一層柔軟又有彈性的麻糬，這種組合口感非常綿密柔和，華麗與細膩並存。

此外，秋季的限定商品中還有一款紫芋口味「芋千本」，濃濃的紫芋

栗千本

芋千本

甜美風味也將秋天的風情萬種展露無遺，經常和栗千本一起出現在特別的日子裡被拿來當慶賀紀念用的特別甜點。

我們在某一年的過年期間各訂購一盒來慶祝，結果因為太多人訂的關係大塞車而遲遲不來，直到過完年後的某天傍晚終於到了！剛好那一天東京大雪，在走了一段很長很長的雪地之後，回到家附近看到四周可怕的積雪，心想第二天可能要面臨剷雪而感到鬱卒時，吃到了這兩盒超級美味的新感覺蒙布朗，所有的疲累與擔憂都被治癒了。慶幸它們來得早不如來得巧，這一天真是來得剛剛好，這就是美味甜點的魔力啊！

甜點界的網紅：水果三明治

在吐司裡塗上滿滿的鮮奶油，再夾進各季節美味的水果就是人見人愛、吸睛度十足的水果三明治，通常也是網路上的網美照主角。在日本的許多咖啡廳裡已成為大家喜愛的時尚甜點兼輕食菜色，由於日本水果深受大家喜愛，所以水果三明治在這裡早已是甜點界的寵兒。

「INITIAL 表参道」就是一間隱藏在貓街（Cat Street）巷弄裡的水果百匯和水果奶油三明治專賣店，當我和女兒在巷弄裡探險，走著走著在轉角處遇見它時馬上就被它擺著各式各樣水果三明治的櫥窗吸引進去了。雖然當天午餐已經吃得很飽了，還是忍不住點了綜合水果和香蕉奶油三明治，沒想到兩三口就被我們吃光光！甜美多汁的水果與意外清爽的鮮奶油，宛如兩小無猜似的絕配，加上柔軟細緻彷彿蛋糕般口感的吐司，相信他們的水果百匯也一定非常精彩。

HAGAN ORGANIC COFFEE

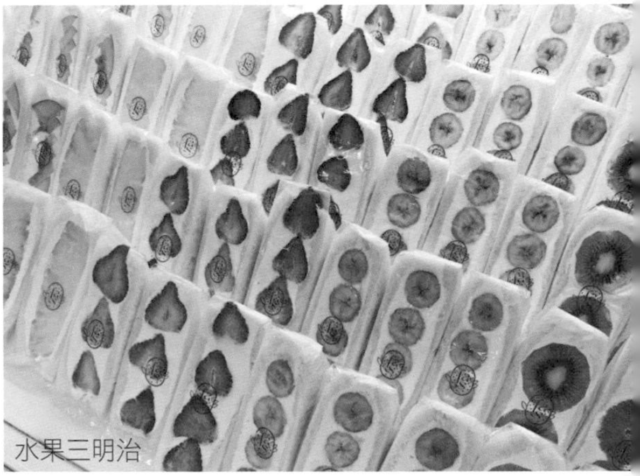
水果三明治

位在清澄白河的有機咖啡「HAGAN ORGANIC COFFEE」，一走進店裡，便被擺在門口冰櫃裡面的水果三明治所吸引。這是一間主張 VEGAN 素食主義堅持不使用雞蛋和牛奶的店，因此三明治吃起來格外地輕盈爽口，更是兼具視覺與味覺的雙重享受。有綜合水果、福岡甘王草莓、芒果、奇異果、鳳梨和蜜柑等各季節不同的水果，第一次看到夾一整大塊鳳梨的水果三明治非常特別。散步經過時經常會看到有人點一份三明治和一杯咖啡，坐在中庭裡享用，悠閒自在的氣息與滿足的笑容很有感染力！

便宜多樣化的「Chateraise」

最後，介紹一間可以買到許多創意日式洋菓子的商店，是近年來在許多購物商場裡可以看到的品牌「Chateraise」。他們的商品五花八門，日式和菓子和洋式餅乾蛋糕的種類樣式都非常豐富，還有許多和洋綜合的美味甜點；最重要的是價格親民，讓人忍不住想全部帶走。我曾買回去品嘗過幾次，覺得口味還不錯呢。

Chateraise 的冰品非常吸引人，因為他們最早就是以冰棒為主力商品，其中有一系列的「鯛魚燒最中冰淇淋」是最受歡迎的人氣商品之一。主推香草、巧克力、抹茶和地瓜四種口味，強調從頭吃到尾巴都吃得到滿滿的冰淇淋。此外，裡面的冰淇淋還與紅豆泥、巧克力片、黑糖蜜、地瓜甜醬等搭配，入口後毫無冷場。最中的餅外皮也做成不一樣的口味來增加層次上的變化，又以抹茶口味的竹炭餅皮最為特殊，但不是每一家店都能夠買得到的喔。

「安納芋」主要在日本鹿兒島和種子島一帶生長，有一股獨特的香味，甜度非常高、肉質細緻綿密，經常被拿來當作製作甜點的材料。喜歡地瓜的朋友們建議可以嘗嘗他們的安納芋冰品，打開後會看到做得像地瓜外表的冰棒，一共有三層不同的滋味。最外面地瓜皮這一層是地瓜牛奶口味，中間則是加了黑糖的地瓜冰淇淋，最裡面是安納芋甜醬，層層變化、一點都不單調。

另外有一款黑糖蜜黃豆粉冰淇淋，在冰淇淋上方淋上一層黑糖蜜並灑上滿滿的黃豆粉，中間還可以品嘗到一層薄薄的麻糬，讓人聯想到日本哈根達斯知名的「麻糬系列華もち」。這種在冰淇淋裡加入日式傳統甜點的元素好像是不敗方程式，難怪這麼多年哈根達斯依然在同樣的系列中推陳出新，我記得其中的甜醬油糰子口味還引起一陣風潮呢！

Chateraise 的人氣NO.1銅鑼燒也是一款西式風味濃厚的日式洋菓子，宛如鬆餅質地的外皮，裡面夾的是洋式與日式綜合的奶油紅豆夾心。連季節限定的白桃餡蜜，裡面除了有傳統的日式食材如：寒天、紅豆、黑糖蜜、蜜柑、白桃等外，還多加了具畫龍點睛效果的鮮奶油，為甜品增加了更豐富的變化。

當然，CP值頗高的各種禮盒也是來到 Chateraise 不容錯過的品項，非常適合大家來日本旅遊時買回去當伴手禮。

鯛魚燒最中冰淇淋

香草口味

NO.1 人氣銅鑼燒

Chateraise 的各式甜點

Chateraise 禮盒

大塚太太推薦的甜點店

SHISEIDO PARLOUR
東京都中央区銀座 8-8-3 東京銀座資生堂ビル 3F
週二～六 11:00 ～ 21:00， 週日、假日 11:00 ～ 20:00（定休日 星期一）
https://parlour.shiseido.co.jp/shoplist/salondecafeginza/

七星
京都府京都市東山区下河原町 石塀小路 463
12:00 ～ 18:00（營業日只有週六、日和國定假日）
https://kokoku-inc.com/shichisei/

和む菓子 なか又
群馬県前橋市千代田町 2-7-21
11:00~18:00
https://www.nkmt.jp/

小布施堂
長野県小布施町 808
9:00 ～ 17:00
https://obusedo.com/

栗りん
愛知県名古屋市中区大須 3 丁目 37 － 40 カノン大須 1 階
11:00 ～ 19:00 / 不定休
https://kurin.gensg.jp/index.html

INITIAL 表参道
東京都澀谷区神宮前 6-12-7 J-cube A 棟 1F
平日 12：00 ～ 21：00 ，週六、日、國定假日 11：00 ～ 21：30
https://tabelog.com/tokyo/A1306/A130601/13233470/

HAGAN ORGANIC COFFEE
東京都江東区平野 3-7-21
11:00 ～ 19:00（定休日 週一、週二、假日及假日的第二天）
https://haganorganiccoffee.com/

新宿伊勢丹
地下甜點街

螞蟻人不能錯過的百貨公司

德國老鋪「HOLLAENDISCHE KAKAO STUBE

介紹日本的甜點就一定要提到伊勢丹地下甜點街，號稱「食的殿堂」的新宿伊勢丹地下美食區可說是個美食天堂。進來這裡的人一定會被各式各樣的甜點深深吸引，他們的獨特展示手法讓你久久不能移開視線，同時更會激發你對美食的慾望。這裡的甜點街大致分為兩大區域，日式和菓子販賣區散發著高雅上品的氣息，是日本全國許多知名逸品匯集之地；另外一區則是精彩萬分、魅力十足的洋菓子西式甜點販賣區。無論哪一個區域都很亮眼，走進這裡宛如走入甜點博物館般令人目不暇給，滿滿是甜美迷人的夢幻幸福感。來一趟新宿伊勢丹地下美食區，絕對會找到獨特出眾的伴手禮。

和菓子界的明亮之星「鈴懸」

一九二三年創業於福岡博多的和菓子店鋪「鈴懸」是個具百年歷史的老店，但店鋪的陳列方式與商品內容卻很具新意，像是新穎的摩登品牌。復古兼具摩登的竹籠裡躺著各種可愛迷人的和菓子，讓人的目光一看就被吸引了，難怪常客們描述：鈴懸的和菓子會讓人一見鍾情、吃一口就會愛上的！

第三代代表中岡生公也表示：隨著時代的變遷，在變與不變之中，有些是要堅持的，但有些就要創新與進化。於是鈴懸走出了自己的時代新風格。

要認識鈴懸一定要品嘗它的雙主力代表商品「鈴乃○餅」和「鈴乃最中」缺一不可。鈴乃○餅是一款與眾不同的銅鑼燒，在視覺和味覺上都很有自己的特色。鈴乃最中則是一個鈴鐺形狀的最中餅，最常看到這兩樣和菓子一起放在黑色的竹籠裡當伴手禮出現，高雅與可愛並存，任誰看了都覺得賞心悅目。到了春夏之際，改以期間限定的白色竹籠登場，這種帶點活潑氣息的設計也說明了為何鈴懸可以成為和菓子界的明亮之星。

店裡的銅鑼燒鈴乃○餅精緻小巧，雖然在尺寸上比一般的銅鑼燒小很多，但Q嫩富彈力的餅皮令人一吃難忘。採用佐賀縣產的糯米，以職人純熟的技巧製作出來如麻糬般

鈴懸店內精緻的銅鑼燒

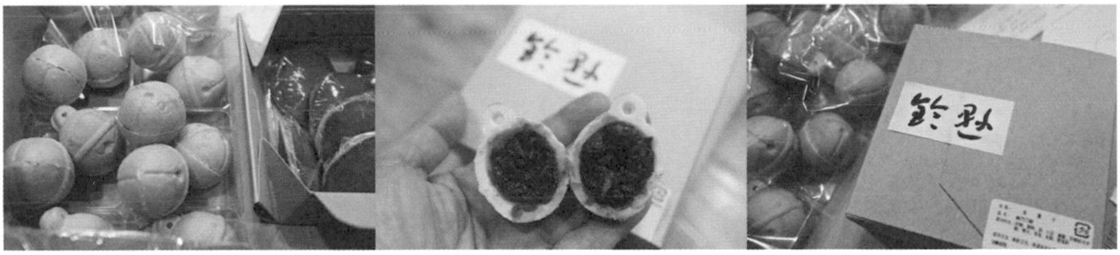

鈴乃最中

口感外皮，和其他銅鑼燒非常不一樣，這也是它之所以這麼受歡迎的原因。

鈴乃最中也是小巧可愛的一口尺寸，採用新潟縣產糯米做成的酥脆外皮吃進嘴裡卻入口即化，加上蜜豆泥內餡從最中餅裡緩緩湧出，將味蕾帶入另一個美妙的境界。甜而不膩的紅豆泥與餅皮一起共譜出來的日式風情，讓人不自覺地想多吃幾個，這正是鈴懸的銅鑼燒和最中餅的最大魅力。

新宿伊勢丹

東京都新宿区新宿 3-14-1

10:00 ~ 20:00

https://www.isetan.mistore.jp/shinjuku.html

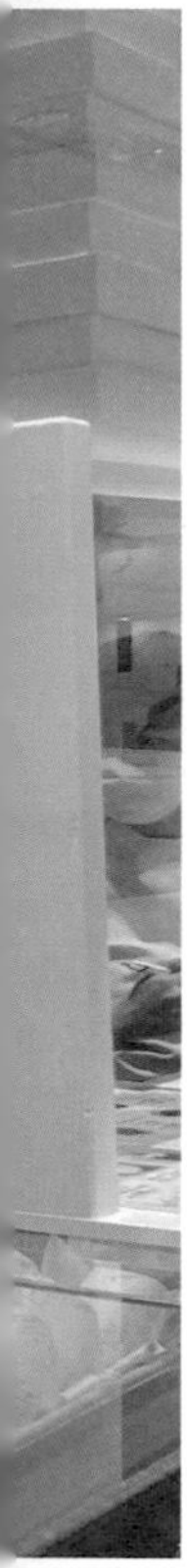

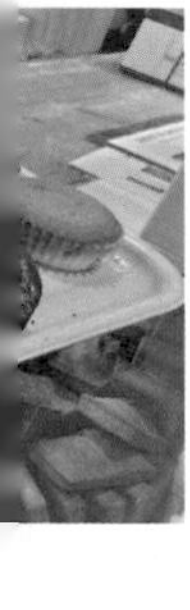

絕品燒烤洋菓子「noix de beurre」

「noix de beurre（ノワ・ドゥ・ブール）」的費南雪蛋糕是與「鈴懸」的鈴鐺最中並列為新宿伊勢丹銷售之冠的另一人氣甜點，據說一個月都可以賣掉好幾萬個，只要適逢蛋糕剛出爐櫃前都是大排長龍。

帶著奶油焦香的外皮與紮實緊密的蛋糕裡層，交織出燒烤洋菓子的迷人口感與濃厚奶油芳香，無論佐紅茶、咖啡或甚至只配一杯牛奶，都好好吃。這種純粹想將這樣經典的美味持續保持下來就是 noix de beurre 最初的本意，因此店裡的每一個燒烤洋菓子都是烘焙職人們細心製作的作品。

大家都知道燒烤蛋糕剛剛出爐時是最美味的，於是當年最初成為伊勢丹的限定品牌「noix de beurre」，其看板商品費南雪就在這樣的美味堅持中挑戰了利用百貨公司地下美食街的廚房直接燒烤，再將剛剛出爐的費南雪立刻擺到客人面前。於是 noix de beurre 費南雪就創造出美食街的美味傳奇，也是至今人們津津樂道的誕生秘話。最近他們還多研發了一些新口味像是黑加侖開心果……等，絕對是新宿伊勢丹必買的伴手禮。

除了最有人氣的費南雪外，致力於回歸食材原始風味的磅蛋糕、飄散著蘭姆酒香的可露麗、宛如媽媽手作蛋糕般的樸實版瑪德蓮蛋糕、上架便立刻銷售一空的期間限定巧克力燒烤菓子，以及伯爵紅茶風味的巧克力燒烤蛋糕都是頗具個性的商品。連店裡的生菓子都帶著令人難以抗拒的吸引力，看看那些陳列在展示櫃裡的一排排蛋糕好像從童話世界裡端出來一樣，不論外觀和口味皆各具特色。noix de beurre 擅長的鮮奶油和卡士達，也是由地下美食街的廚房中直接製作出來的，現場製作的新鮮度就是其美味的秘訣，難怪從創立到現在人氣依然不減。

noix de beurre（ノワ・ドゥ・ブール）以現烤出爐的費南雪贏得顧客芳心

可露麗

費南雪

展示櫃裡的蛋糕們

黑加侖開心果口味

展示櫃裡的蛋糕們

我買的燒烤洋菓子

白絲絨般的奶油夾心三明治餅乾

法國知名的高級發酵奶油「ÉCHIRÉ」，在後面的伴手禮章節也會特別介紹他們在丸之內的本店，這裡要介紹的是在新宿伊勢丹裡擠身進最受歡迎伴手禮前五名的奶油夾心三明治餅乾。共有三種口味，奶油原味、蘭姆葡萄和開心果，無論哪一種口味都展現了「ÉCHIRÉ」奶油的獨特韻味。輕輕咬開酥脆香濃的奶油餅乾後，遇到的是上質芳醇像絲綢般順滑的奶油夾心，非常輕盈、入口即化，原來愈是雲淡風輕愈能久留人心，就是這款三明治餅乾最與眾不同的地方！

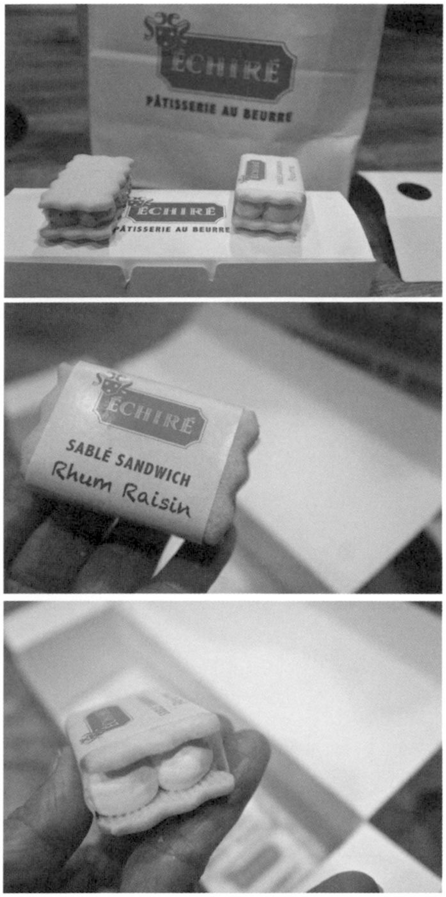

艾許奶油 ÉCHIRÉ 的奶油夾心三明治餅乾

在口中還原四季：
宗家 源 吉兆庵「自然シリーズ」

「宗家源吉兆庵」的自然系列和菓子，主要是以四季不同的水果為食材，在味道上呈現出原汁原味為主旨；在外觀上也力求還原本來的風貌，這種保持大自然留下的恩惠是店家創造這款自然系列的初衷。其中的創作和菓子「粋甘粛」是每年秋冬最受歡迎的商品，在嚴選的國產干柿中加入甜度適中、口感柔和的白餡泥，把經過日曬和寒風淬練過之干柿本身的好味道又襯托得更出色。其他四季的「紅寶玉」（山形櫻桃）、「桃若姫」（綠桃加白桃餡）、「陸乃寶珠」（麝香綠葡萄）等……都宛如藝術品般吸睛度破表。

百年傳統德國老鋪「HOLLAENDISCHE KAKAO STUBE」

目前東京只有新宿伊勢丹和銀座三越，才可以遇得到這款來自德國的傳統年輪蛋糕，在德國被稱之為「樹的蛋糕」。因為有著一層一層年輪般的特徵，有長壽的吉祥寓意很適合用來當伴手禮。這款德國老鋪的年輪蛋糕被評價為回歸古典的最佳範本，甜度適中、軟硬度適中的黃金比例可說是最經典的年輪蛋糕，連包裝也散發著濃厚的老鋪風味。除了最有人氣的年輪蛋糕外，新宿伊勢丹的限定商品HEIDESAND餅乾、巧克力拿鐵的花形蛋糕、巧克力限定口味的年輪蛋糕等都非常特別。

傳統德國老鋪 HOLLAENDISCHE KAKAO STUBE

和菓子粋甘粛

宗家 源 吉兆庵

FRANCAIS 的巧克力千層派

北歐菓子專門店フィーカ(fika)

從包裝盒就讓人愛上的北歐菓子專門店「フィーカ(fika)」

新宿伊勢丹裡的北歐菓子專賣店「フィーカ(fika)」，光是它們獨特設計感的餅乾包裝盒就讓人想全部收集起來。北歐餅乾中最具代表性的是一種中間凹陷的圓形模樣，擠入滿滿甜美的草莓果醬，是外觀可愛、顏色討喜和味道可口的人氣伴手禮。另外，也有其他口味的果醬餅乾和各式餅乾的組合，其中可愛的小馬造型和燒烤迷你蛋糕也都是送禮的好選擇。

其他像是「FRANCAIS」巧克力與各種水果口味結合在一起的千層派、「PIERRE HERMÉ PARIS」的夢幻馬卡龍，以及我們家大塚先生特別鍾愛的「黑船」銅鑼燒，也是非常具有人氣的商品。雖然這幾個品牌在其他地方也可以買得到，但如果來到新宿伊勢丹，建議走過路過不要錯過，記得帶回去絕對是很有質感的伴手禮，當然回飯店現吃更是高級的享受啊！

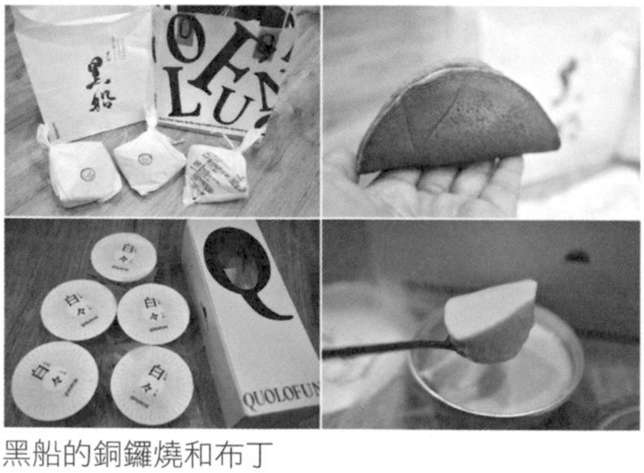

黑船的銅鑼燒和布丁

獨特銷售手法的甜點

甜蜜的飢餓行銷陷阱

生起司蛋糕 CHEESE WONDER

在日本住久了之後，深深覺得日本商人真是一種可怕的生物，他們善於玩弄人心卻又牢牢抓住大家的喜好，讓我們心甘情願地把銀子拿出來花之外，沒買到還會不開心。如果放在古代他們應該是孔明和曹操的合體，試想這兩個人若聯合出手一定會把大家殺得體無完膚，重點是大家卻很願意被俘虜；但就算孔明和曹操復活看到了日本商人在商品銷售手法上玩的手段和心機，一定也會自嘆不如吧。我們熟悉的期間限定、地方限定、數量限定等都早已是太過平常的伎倆，日本商人還有什麼令人瞠目結舌、意想不到的詭計呢？讓我用這幾款話題甜點來跟各位分享吧！

只能網購的生起司蛋糕「CHEESE WONDER」

最近在網路上最具話題的人氣甜點，竟然是曾創下一秒完賣紀錄的生起司蛋糕「CHEESE WONDER」，有著「惡魔的起司蛋糕」封號，從冷凍到解凍的過程各有不同的美味與口感。記得剛開始銷售時我們家運用三台手機與一台電腦在開賣的同時按下購入鍵，才終於搶到了一盒，令人驚訝的是，搶完後下一秒的畫面竟是全數賣光光！

這款一秒完賣的生起司蛋糕 CHEESE WONDER，其實是日本人氣甜點「BAKE」創辦人的新點子。BAKE 旗下有許多知名的甜點商品，列舉幾個大家一定都聽過且點頭稱讚，例如：曾風靡一時的「PRESS BUTTER SAND」焦糖奶油夾心餅乾和「BAKE CHEESE TART」燒烤起司塔等。

BAKE 創辦人長沼真太郎擅長採取純網路販賣的方式，不開實體店面只有網購一途，而且秉持著一個品牌只有一個商品的作風，只專注於一種甜點的販售，過去的 PRESS BUTTER SAND 等人氣商品就是用這樣的經營手法達到萬眾矚目的效果。

決定走這樣的銷售路線，最主要是要讓商品在最新鮮的狀態直接送到消費者家中，起司舒芙蕾燒烤出爐的那一刻是最蓬鬆柔軟的時候，如果上面再加上一球生起司奶油，如果放在店裡販賣的話，時間愈久美味度愈下降，到時送到消費者手上就不是最好吃的時刻了。因此在剛出爐的時候如果能立刻冷凍起來，就可以將最美味的口感封鎖起來，消費者在網路上訂購時才用冷凍宅急便出貨，這樣就可以吃到 CHEESE WONDER 最顛峰的滋味了。

品嘗 CHEESE WONDER 有其獨特的美味三步驟，讓消費者從冷凍到解凍的過程盡情享受不同的滋味與口感。首先建議可以品嘗在冷凍狀態的 CHEESE WONDER，上面覆蓋的一球生起司奶油宛如冰淇淋一樣，有濃厚香醇的起司奶油香，連下面一層起司舒芙蕾及最下面堅果風味的餅乾塔皮，都像冰品一樣質地紮實，讓人能夠享受在吃進嘴裡後慢慢融化的過程。

接著建議品嘗放在常溫處約三十分鐘後的 CHEESE WONDER，呈現半解凍的狀態，此時可以品嘗到一半冰品一半融化的口感，生起司的香濃風味又更濃厚了。最後放在常溫處約一個小時後，將會呈現完全解凍的狀態，此時可以吃到它最柔軟順滑的口感。入口即化的生起司奶油和細緻綿密的起司舒芙蕾，在餅乾質地的塔皮包圍下，剛剛冷凍的冰品漸漸轉為蛋糕甜點般的柔軟滑嫩，又是另一種味覺驚豔。

基本上，每週五、六，官方帳號裡會發布訊息，再由發布的畫面連結到特別設置的網頁進行購買，想要試試手氣看看能不能搶購到的人，不妨試試看。

生起司蛋糕 CHEESE WONDER

CHEESE WONDER
https://www.utopiaagriculture.com/products/cheesewonder/

神出鬼沒的焦糖巧克力餅乾「GHOST HOUSE」

神出鬼沒的話題甜點焦糖巧克力餅乾「GHOST HOUSE」，沒有特定的店鋪，只能到他們每個月限定期間的短期店鋪裡面才買得到，而且這個短期店鋪還換來換去居所不定。

大家可能會懷疑，這樣的伴手禮有人買嗎？其實這是一種宣傳手法，日本商人們最擅長的推銷方式，抓住一種讓大家買不到的心理而激起購買慾。據說同公司的商品楓糖奶油夾心餅乾「Maple Mania」就是以這樣的手法打出知名度的，現在變成東京車站裡經常入圍前幾名的人氣必買伴手禮。

燒烤得酥酥脆脆一咬即碎的焦糖脆餅裡面夾著焦糖巧克力奶油，奶油裡面還融入了紅茶茶葉，三層餅乾加兩層夾心一共有五層。奶油夾心融合巧克力、焦糖和紅茶，在甜蜜度濃厚的滋味裡面散發著淡淡紅茶的苦味，將一般給人感覺過甜的焦糖加入了另一種苦澀的元素，不僅讓層次感提升、也讓甜與苦的平衡度配合得剛剛好，是一款成熟大人風味的甜點。如今他們已經有自己的店鋪，但仍然喜歡到各地去做期間限定的販賣巡迴。

GHOST HOUSE
https://caramelghosthouse.jp/

東京代表性的檸檬夾心餅乾

Lemomche

這款檸檬夾心餅乾 Lemomche 可說是東京發售的原創伴手禮，頗具當地代表性。所使用的販賣手法和焦糖巧克力餅乾 GHOST HOUSE 差不多，利用愈是買不到才更想買的心態來吸引消費者。因此買得到 Lemomche 的店鋪一開始只有兩個地方，新幹線品川車站內和羽田機場，或者部分不定期的期間限定販賣店鋪，才有機會吃到它美妙的滋味。

Lemomche 外皮是鬆軟輕盈的蛋白霜質地，吃進嘴裡很快就融化在口中，裡面包的是充滿檸檬香氣的奶油夾心，夾心裡面還有小小片的糖漬檸檬皮，雖然帶一點點檸檬特有的苦味，但後勁餘韻回甘頗有畫龍點睛的效果。這款甜點將檸檬原本的風貌用一種鬆軟柔美的口感來呈現令人感受新穎，在不知不覺中會吃掉好幾個。此外，他們還有冬季限定巧克力版和春季限定草莓版，現在也有愈來愈多的實體店鋪了。

Lemomche
https://www.tokyo-lemonche.jp/

燒烤棉花糖三明治餅乾 Baked Mallow 會爆漿

另外一款以同樣手法販賣的東京伴手禮「燒烤棉花糖三明治餅乾 (Baked Mallow)」，將美國傳統的營火燒烤棉花糖又再進化，創造出以往都沒有過的新口感與滋味，擄獲了不少消費者的味蕾。其美味的秘訣在於紮實香濃的餅乾，採用全麥粉和小麥胚芽粉做成且帶點鹽味，加深了不少印象；同時塗上香濃芳醇的巧克力醬，增加更多層次變化。

再來是最重要的主角燒烤棉花，為了維持其鬆軟的輕盈感，於力道控制在最好的狀態下細心地一個一個擠壓在餅乾上，接著再用火燒烤一下呈現出微微的焦香和入口即化的瞬間。最後在燒烤棉花糖裡面注入特製的巧克力醬，就算在常溫中也不會凝固，當我們咬一口時就會從裡面爆漿出來，讓人驚喜連連，喜歡棉花糖的朋友們一定要試試看。

現在只有一間實體店鋪「大丸東京店」，但他們的商品卻愈來愈多，後續有什麼更有創意的甜點，很令人期待。

Baked Mallow

https://baked-mallow.com/

燒烤棉花糖三明治餅乾 Baked Mallow

「六花亭」耶誕限定禮盒

除了新開發的甜點外，舊有存在的商品也不斷地在推陳出新，同時也有變化多元的推銷手法。比如來到北海道必買的六花亭伴手禮，一直都是大家心目中的經典甜點，其實在每一個特殊的節日裡，六花亭都還會推出精心設計的禮盒，從外觀包裝到裡面的商品組合都有很大的吸引力。

他們美麗的耶誕限定禮盒裡面有十六款完全不一樣的甜點，每一個都是六花亭的經典，最經典的莫過於六花亭超人氣定番伴手禮來蘭姆葡萄奶油夾心三明治餅乾，加上奶油巧克力夾心蛋糕、白雪巧克力夾心餅、奶油紅豆酥餅（北加伊道）、榛果杏仁巧克力最中、摩卡巧克力夾心派餅、黑加侖夾心蛋糕、紅莓巧克力夾心派、昆布鰹魚醬油脆米菓、栗子餡巧克力餅乾蛋糕等等，讓人想全部佔為己有。這樣的限定禮盒通常也是一登場幾乎就會被搶光光了！

六花亭經典甜點

六花亭耶誕限定禮盒

六花亭
https://www.rokkatei.co.jp/

日本各地特色甜點——北海道篇

人間仙境的甜點很夢幻

青池藍冰淇淋&蘇打水

在日本各地旅行時，最讓人期待的美食除了當地的特色料理外，各地的獨特甜點也是一大重頭戲。有些甜點是當地傳統或風土民情流傳下來的文化產物，有些則是在地方盛產的物產資源下誕生的特產，更有一些是為了觀光目的而開發的創意商品，每一樣都很有魅力。在這裡特別挑選幾樣讓我印象深刻的跟大家分享。

新千歲機場年度選拔 NO. 1 的牛奶冰淇淋

北海道冰淇淋是必吃品項

記得第一次在北海道吃到當地的冰淇淋時，因為太過驚艷，從此認定北海道的冰淇淋是最好吃的，可能是有高品質的牛奶和優秀的大自然環境，在這裡培育出來的食材造就了北海道冰淇淋的美味魅力。

北海道幾個知名甜點廠牌都有販賣自家品牌的冰淇淋，例如白色戀人、北果樓、六花亭、LeTAO、ROYCE生巧克力等。還有曾榮獲新千歲機場年度選拔NO.1的牛奶冰淇淋，就是出品札幌農學校牛奶餅乾的「きのとや」所推出的，只要有機會到新千歲機場，我都會想去買一支來吃，縱使它的尺寸比平常冰淇淋至少大一倍半，我還是要一個人獨吞，因為非常過癮。

特別要介紹一個令人難忘的絕品冰淇淋，就是洞爺湖附近非常有人氣的義式手工冰淇淋農園小店「清水農園」，許多媒體也來此採訪過。它之所以受歡迎的地方在於現做現享用的超級新鮮度，和當地農場直送的食材讓美味不流失能原汁原味的呈現。每個時期還會根據農園裡的收成而有不同的口味，我們去的時候有甜美的西瓜、濃郁的南瓜和最有名氣的番茄。

從開發到製作都是由農園裡的農家媳婦一手包辦的，由於非常講求現做現吃的口感與美味的維持，也拒絕了許多大型販賣場所與企業的邀請。她認為當製作量大增不再是手工製作時，她的義式手工冰淇淋就會走味了。用附上的甜筒尾端來代替湯匙，一口一口滿足著大家的味蕾，大自然的饋贈加上人類的巧手竟然可以創造出這麼美味的東西，真讓人感動！

清水農園

北海道有珠郡壮瞥町字立香 162

因平常務農的關係，手工冰淇淋的販賣時間不一定，要去的朋友請先查閱官網。

https://tomatoya-shimizu.net/

從西瓜、百合、薰衣草，種類多滋味濃讓人難忘

另一家義大利手工冰淇淋「円山ジェラート」也是我的推薦清單，目前在北海道只有四間，三間在札幌、一間在江別的氣質蔦屋書店裡。他們有好多迷人的口味，前三名是美瑛鮮奶、西西里島開心果、北海道韃靼蕎麥麵，最後我選了美瑛鮮奶和杏仁豆腐（想念台灣了）。用粉紅色的甜筒盛裝更顯出這兩種滋味純粹的質感，吃了一口馬上驚呼：「太美味了～～～太香濃了～～～」縱然在冷颼颼的北海道冬季、四周都是冰天雪地的白色世界裡，這支冰淇淋卻足以療癒我身處在寒冬的心情！

北竜町觀光農場「向日葵之里」

向日葵冰淇淋

相信在富良野喝過當地牛奶的人，一定被它的香醇濃厚大大感動，然而更讓人驚喜的是用這裡最自豪的富良野牛奶現場製作出來的冰淇淋，香濃的程度無與倫比。連富良野起司工房的負責人都敢誇下海口說：「這種純粹濃厚的滋味只有這裡才吃得到喔！」接著他又說：「台灣朋友介紹我用西瓜原汁原味做成的義大利手工冰淇淋現在也很有人氣，既然你們從台灣來的也品嘗看看吧。」沒想到吃一口真不敢讓人相信，完全無添加的西瓜手工冰淇淋竟如此香甜！只能連連點頭直呼太美味了！

此外，我在釧路市溼原展望台吃過造型模仿丹頂鶴的丹頂冰淇淋、也在富良野的富田農場吃過薰衣草冰淇淋、在小樽市附近的春香山百合園（オーンズ春香山ゆり園）吃過香水百合冰淇淋、北竜町觀光農場向日葵之里（ひまわりの里）吃過用向日葵花籽做成的冰淇淋，有點像花生又有點像芝麻的味道，個人非常喜歡。北海道各地的冰淇淋太多了說不完，有當地香純鮮奶的優質保證絕對不會讓人失望的，大家到北海道旅行時千萬要把握吃冰淇淋的機會喔。

讓人尖叫聲連連的雲海甜點

星野度假村 TOMAMU 旁有一處人氣景點「雲海露台」（雲海テラス），位於 TOMAMU 山標高一千零八十八公尺的地方，造訪時若天候等自然條件配合，便可以看到四面八方綿延而來的壯麗雲海。目前正在推動的「Cloud9 計畫」，也就是提供雲海露台的九種體驗方式，希望讓旅客欣賞身處雲端的絕美景觀與愉快體驗。英語中的「I am on cloud nine」指的是「無上的幸福」，我想這就是此計劃的本意吧！

雲海露台上所提供的戶外休憩座位和雲海咖啡館也是「Cloud9 計畫」裡的項目，在這裡的雲海甜點和飲料絕對會讓人驚叫聲連連，而且菜單內容愈來愈有看頭喔。因為機會難得，我一口氣點了許多和雲海相關的飲料與甜點，像是上面有一層棉花糖雲海的雲海蘇打、模樣彷若縮小版雲海在眼前的雲海冰淇淋、還有熱咖啡和熱可可也可以在上面追加一個雲海棉花糖，不只好喝視覺上也很療癒！此外，竟有雲海造型的馬卡龍，就是要大家感受到無上的幸福～「I am on cloud nine」。

來到雲海露台不僅可以感受彷若置身於雲霧繚繞宛如仙境的場景中，幻想自己騰雲駕霧般，還可以在雲海懷抱中享受視覺與味覺無比療癒的餐點，難怪是目前富良野最熱門的觀光話題景點。

円山ジェラート
北海道江別市牧場町 14 番地の 1
11:00 ～ 20:00
https://maruyama-gelato.com/

雲海露台
日本北海道勇払郡占冠村字中トマム
4:30 ～ 8:00
（不同時節時間有變請事先參閱官網）
https://www.snowtomamu.jp/summer/unkai/

円山ジェラート

丹頂冰淇淋

夢幻絕美的青池藍甜點

有一種藍叫做「青池之藍」，沒有任何專業名詞可以說出這種藍，也沒有任何形容詞能夠準確描述，只有用自己的雙眼才能體會什麼是青池之藍！

位於北海道美瑛町的青池一直是許多旅人們想去的地方，一九九八年十勝岳火山爆發時，人們為了防止泥石流侵害而築起堤壩卻意外地形成了一個湖泊，然而它的顏色是一種清澄透徹、柔美中透著清涼的亮藍色，宛如在一片鏡子上鋪上一層淡藍色的藍寶石，絕美又夢幻。

青池旁邊的伴手禮店鋪可以購買與青池相關的各種特色紀念品，有用

青池藍冰淇淋

青池紀念品

青池藍做成的小狐狸玩偶、各種青池風貌的明信片、書籤、鑰匙圈、糖果、餅乾、日式甜點等。也有許多和青池相關的手工藝品，例如搖晃玻璃球後會看到青池下雪的效果，或是玻璃罐裡有藍色青池的迷你樣貌，好想把它們通通帶回家作紀念，每當看到他們就會想起青池的夢幻畫面。另外，還有與青池顏色一模一樣的日式甜點、冰淇淋、蘇打水和蘇打漂浮等，冰淇淋的味道是一種清涼爽口的蘇打味，配上一片青池小狐狸餅乾，再喝一口有著夢幻青池藍色的蘇打水，不得不說，這一切真的是太青池了。

青池
北海道上川郡美瑛町白金
https://www.biei-hokkaido.jp/ja/sightseeing/shirogane-blue-pond/

台灣人最愛的北海道品牌甜點

一定要提的，當然是北海道知名的人氣甜點品牌，也就是文章一開始提到的白色戀人、北果樓、六花亭、LeTAO、ROYCE 生巧克力等，他們的本店或直營店鋪都有很多吸引人的限定商品，每一家都是足以代表北海道的獨特甜點。

其中的白色戀人公園「白い恋人パーク」是北海道經典人氣甜點店鋪 ISHIYA 所經營的主題樂園，裡裡外外都有很多看點，來這裡可以待上半天，吃喝玩樂都很精彩！有一年冬天我們到的時候正在下雪，北海道的雪是一種輕盈蓬鬆的棉花雪，好像一顆一顆的棉花糖從空中飄散下來，配上白色戀人公園裡童話故

可以印製照片於上方的經典伴手禮盒

白色戀人公園

事般的景致更顯夢幻浪漫，好有感覺，好像自己就是故事中的主角！

坐在「Chocolate Lounge OXFORD」的餐廳裡可以看到一大片落地窗外的風光，此時外面正是一片雪中的夢幻世界，連遠處的山線都被白雪襯托得好像一幅畫，在裡面一邊享用白色戀人的特製甜點一邊欣賞眼前的雪景，太幸福了……。位於一樓的賣場有各式各樣的伴手禮和紀念品，也有不少只有這裡才買得到吃得到的限定商品，像是白色戀人泡芙等等。最新發售的商品都好吸引人，果然是北海道的經典人氣品牌。

白色戀人公園
北海道札幌市西区宮の沢 2-2-11-36
10:00 ~ 17:00
https://www.shiroikoibitopark.jp/

甜點品牌居然成為ＪＲ火車站

北海道大人氣知名的ROYCE生巧克力，它的起源地是被自然包圍的石狩郡當別町太美（ふと美），有機會造訪位於此地的「ロイズタウン工場直売店」對我來說也別具意義。明亮高挑的空間裡除了有種類豐盛的ROYCE商品外，還展示著北海道出身的畫家伊藤正等人描繪的太美地區風景畫。看到ROYCE最早推出的巧克力片讓人眼睛一亮，現在已推出許多新口味。我買了大塚爺爺愛吃的蘭姆葡萄和小鬼們喜歡的牛奶巧克力，還有香濃芳醇的巧克力粉，其他好多新花樣商品也都好吸睛喔。

另外值得一提的是，二〇二二年三月以ROYCE命名的火車站ROYCE' Town Station也正式啟用，上一回去的時候還沒有落成，不然，第一次聽到以私人企業名稱的ＪＲ火車站，我肯定要去搭乘體驗一下，大家有機會不妨去試試喔。

最後，新千歲機場是一個能夠買到北海道各種甜點伴手禮的好地方，經典的各大北海道甜點代表品牌和各種北海道限定點心零食等非常豐富。所以記得一定要早一點到達，在登機前好好地逛一逛，才不會有遺憾。

ロイズタウン工場直売店

石狩郡当別町ビトエ 640-15

9:00 ～ 18:00

https://www.royce.com/brand/shop/detail/?no=108

日本各地特色甜點——東北地區篇

放開吃也不會為錢包心痛

le Roman（ロマン）

很開心有許多巧合和機緣讓我可以將東北的六個縣市默默走完，雖然三一一大地震後已經過了十幾個年頭，災區的復興工作仍還有一段很長的路要走。在自己有幸去過幾次的東北旅行中，深刻感受到無論這條路有沒有盡頭，大家都在為自己的家園奮鬥著，努力認真地活出當地原本生活的模樣。於是我對東北大地震的記憶，從那讓人恐懼的夢魘中，漸漸增加了許多美好的片段，例如在福島三春遇見絕美的千年瀧櫻、在青森弘前體驗農民生活與小巾刺繡、在秋田大館遇到超級可愛的秋田犬、在岩手八幡平學習鄉土料理、看過山形秋天的銀山溫泉和冬日的藏王樹冰、也看過宮城春天的一目千本櫻。

然而，更讓我感動的是，每當我在東北旅行的時候，處處可以看到他們感謝台灣的標語，以及溢于言表的感激之情。在這個天災人禍不斷的紛擾世界中，就是這些美好的人事物帶給大家繼續走下去的力量。所以每回想起在東北吃到的這些甜點時，我都會在心裡默默祈望著：希望世間多一點美好、少一些災害……。

讓人驚喜的「上山溫泉」甜點

最近一次我們家申請的家鄉納稅贈禮非常特別，竟然是一個申請後要等半年之久，才會送到家裡的人氣爆棚夢幻甜點。因為太受歡迎了製作速度完全跟不上申請量，所以申請之後我們就一直在等待，就在等到都快忘了這件事時，這個夢幻甜點終於來到了我們家。打開一看不就是我曾經去過的藏王那附近的上山溫泉名物「上山秀」，早知道當時我就該跑去本店「だんご本鋪たかはし」直接買回來比較快（店家整修後改名為「Ora da cacao & chou」）。聽說他們家各種口味的糰子也非常美味，一邊懷念在藏王看到的樹冰冰原，一邊吃著超級美味絲滑濃厚的夢幻泡芙，那香濃上品的卡士達奶油是最讓人著迷的地方。

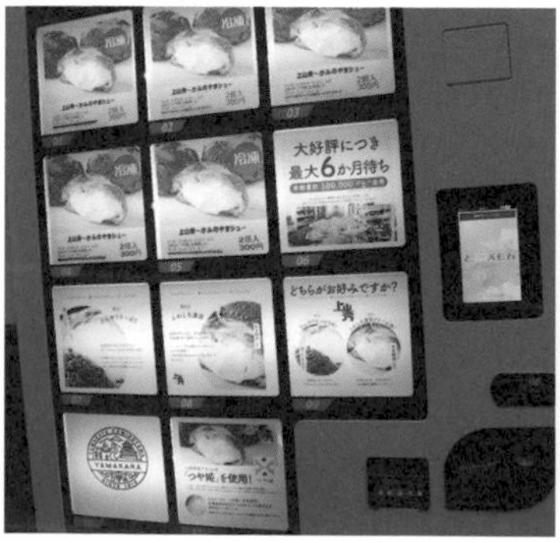

上山秀甜點自動販賣機

上山秀泡芙

山形布丁

後來我又有機會來到上山溫泉，這次我硬是拉了兩位日本同伴跟我一起去找這間在車站附近的日式糰子名店，為的是要去買當地名物「上山秀」。結果遇到店家竟然正在改裝休息中，還好當地人跟我們說，店門口有一台自動販賣機，這時真是太感謝日本人的聰明賺錢術，才讓我們如願以償的買到了想要的點心。心想在這個自動販賣機什麼都可以賣的日本，下次能否也讓我遇到一個賣台灣肉圓的啊……

其實，在上山市還有一間非常有名氣的「山形布丁」，採用山形當地的やまべ牛乳、紅花卵和季節水果製作而成的地方特產，讓前來上山溫泉的旅客有更多難忘的美味回憶。除了經典的原味外，還有限定數量的溫泉蛋布丁、大人成熟風味的紅酒布丁、日本三大沙丘之一的庄內沙丘產哈密瓜布丁、山形水蜜桃布丁、山形葡萄布丁和一上架就秒殺的草莓布丁等。如果想要品嘗各個季節不同的限定口味，建議一開店就來最保險，不然就會像我一樣，只能吃到店裡最後剩下來的原味而已。不過，單純的原味山形布丁，讓人可以細細品嘗它的單純滋味也很棒呢。

Ora da cacao & chou
山形県上山市矢来 2-1-41
10:00 ~ 16:00（定休日 週二、三）
https://www.dango.yamakara.shop/

山形布丁
山形県上山市葉山 4-33
9:00 ~ 17:30（內用 LO 16:30）
https://yamagata-purin.com/

讓少女心大爆發的地方水果店

「フルーツショップ青森屋」自創始人從青森帶著自豪的蘋果來到山形縣鶴岡市開店起，現在已經是第三代了，且愈來愈受當地人的歡迎。除了新鮮美味又便宜的水果外，做成的果汁、果凍、果醬、各式禮盒等商品樣式非常齊全，其中最有人氣就是店裡的水果塔，從各地慕名而來的愛好者可是不分年齡不分男女，廣受大眾喜愛。

店裡的內用空間，設計得非常可愛夢幻，純白木質桌椅與精緻典雅的裝飾，光是置身其中就足以點燃大家的少女心，更別說當琳瑯滿目的水果塔上桌時立刻讓少女心大爆發了！

這裡的水果塔都是以當季美味水果製成的，種類包括麝香綠葡萄、紅蘋果、柿子、貓眼葡萄、藍莓、洋梨、和栗、黑無花果等，還有混合三種或五種不同口味的水果，每一種組合都各有千秋各具特色，美得讓人忍不住拍照留念。若想要鮮度更高的，不妨再來杯新鮮果汁，絕對能得到滿足。最令人開心的是，一個水果塔加上一杯新鮮水果汁只需一千日幣左右，這樣的價格實在太親民了啊！

フルーツショップ青森屋
山形県鶴岡市末廣町 7-24
8:30～19:00（CAFÉ:10:30～19:00）
http://www.aomoriya0235220341.co.jp/

平價又豪華的水果百匯

山形縣的天童和東根地區有日本產量第一的櫻桃，米澤盆地則有日本產量第二名的葡萄、以及產量居三的蘋果產區，同時亦是占日本產量第四名的桃子產區，另外也盛產柿子和洋梨，故山形縣可說是日本水果的重要產區。

「王將果樹園」位於山形縣正中央的天童市，因地理條件優異、具有盆地特有的氣候、早晚溫差大、四季分明，最適合栽種果樹。這裡的櫻桃和西洋梨「La France」可說是日本產量第一，另外還種植水蜜桃、葡萄、蘋果等水果。四季有不同水果可以摘採，來到這裡大人小孩皆能同樂。

三十分鐘蘋果採摘吃到飽，本來以為吃完蘋果後肚子已經很撐了，沒想到在果園附設的咖啡廳裡看到水果百匯時，食慾竟然又大開！使用當下最鮮美的季節水果所做出來的各種冰淇淋百匯，竟然只要五百至八百日幣而已，這要是在東京的話可能要兩倍以上的價格。於是「我要大吃特吃、全部都吃才不會後悔」的想法，我竟一口氣點了三色蘋果、西洋梨和抹茶水果三個冰淇淋百匯，吃完後卻不覺得腸胃有甚麼負擔，意外地輕盈爽口，留下新鮮的水果帶來的滿滿幸福感！

採用當季三種蘋果所做成的冰淇淋百匯，可以一次嘗到三款蘋果不同的滋味，黃蘋果吃起來帶有一點水梨的清香，可說是一款獨特別具風味的品種。綠蘋果清新爽口、清脆多汁，酸味與甜味交織在一起，吃完後淡淡的酸味仍留在口中讓人意猶未盡。此外，由當季的西洋梨所做成的甜品，無論是香草冰淇淋百匯或是在一整顆西洋梨中間夾滿香純的牛奶冰淇淋，都非常有特色，果然當旬的水果是最好吃的！

王將果樹園

山形県天童市川原子 1303

9:00 ～ 16:00

https://www.ohsyo.co.jp/

富有親切感的空心菜冰淇淋

我曾提過，要在日本的超市買到空心菜是一件難得的事，有一次在福島機場附近的道路休息站「玉川道の駅」吃午餐，得知玉川盛產空心菜，便馬上叫了一大盤燙空心菜。讓本來在東京不常看到空心菜的我，頓時滿足了懷念家鄉味的胃，另外還看到好特別的空心菜烏龍麵；更令人驚訝的是，居然有超稀有的「空心菜冰淇淋」，雖然吃起來有一點草味，但在連盛產空心菜的台灣我都沒吃過空心菜冰淇淋，當然很值得吃吃看囉！

此外，玉川所在的「平田村」是號稱日本第一辣的村莊，這裡有一款「Habanero 墨西哥辣椒冰淇淋」，從裡到外都放滿了這種激辣的紅辣椒，據說挑戰吃完的人可以不用付錢，還可以再得到一張冰淇淋免費券！但是多數人吃一口就都不行了，少數挑戰通過的人可以留下大名作紀念喔，到目前為止好像只有數百人挑戰成功過，名單就在販賣處的牆上。

墨西哥辣椒冰淇淋

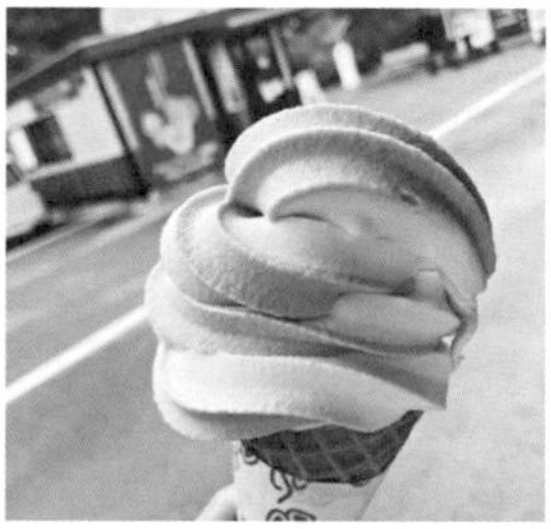
空心菜冰淇淋

玉川道の駅
福島県石川郡玉川村大字岩法寺宮ノ前 140-2
8:00 ~ 18:00
http://michinoeki-tamakawa.com/

絕美櫻花和無花果冰淇淋百匯

位於日本三景之一松島的「西行戻しの松公園」裡，有一家景觀咖啡廳「le Roman（ロマン）」。造訪時正好是春天，坐在四面都是落地窗的咖啡館內，不僅被櫻花樹環繞，還能眺望眼前散落在海中的群島風光，景色十分宜人。

我點了事先在網路上看到的無花果冰淇淋百匯，說實話，當初被交通不太方便的「西行戻しの松公園」吸引而決意來此，就是為了品嘗這個甜點，不要懷疑！吃貨是可以為了吃而上山下海的！無花果的糖漬洋酒風味與香草冰淇淋非常搭配，再喝一杯熱紅茶，一邊欣賞眼前的櫻花樹海和遠方的松島海景，離開

落地窗外的樱花樹群

被櫻花包圍的Le Roman（ロマン）

無花果冰淇淋百匯

之前用這裡當作完美的句點，來跟松島說聲再見，有種達成心願的成就感。

le Roman（ロマン）

宮城県宮城郡松島町松島字犬田 10-174

11:00 ～ 17:00

https://tabelog.com/miyagi/A0404/A040404/4001867/

CP值超高的甜點店「カスタード」

位於秋田縣北部的大館市可說是秋田犬的故鄉，喜歡秋田犬的朋友們千萬別錯過這個可以近距離與秋田犬接觸的景點。走在大館市的街道上探險也有許多令人驚喜的發現，例如復古味濃厚的個性派電影院、國登錄有形文化財「櫻櫓館」、價格超級親民的美味甜點店等。

「カスタード」就是這間讓人驚喜連連的甜點店，驚喜的是它的價格太便宜了，在東京絕對是吃不到的！他們的超大圓形戚風蛋糕一個竟然不到五百日幣，當場想包下全部的口味；夾著大塊蘋果果肉、滿滿南瓜與卡士達奶油的夾心可頌麵包，一個也只要三百零二日幣還含稅喔。其他如起司蛋糕、可頌夾心麵包、各式各樣的燒烤洋菓子等都魅力十足，我就這樣陷入了甜點的魅惑中不可自拔。

最後要介紹的是福島郡山居民們的靈魂美食「クリームボックス」，是一種在厚片吐司塗上滿滿香濃的牛奶奶油，幾乎在每一家當地麵包店都可以看到。雖然最早是以非常單純的吐司加牛奶奶油的模樣登場，但現在各家麵包店已發展出各種不同的形態與花樣，然而不變的是吃起來宛如甜點蛋糕般的口味。尤其當煉乳般甜美的牛奶奶油與柔軟綿密的吐司結合在一起時，吃進嘴裡軟綿綿的口感與香醇的奶香，最讓人喜愛。除了深受郡山居民喜愛之外，也漸漸備受各地觀光客的關注，現在在福島各地車站與伴手禮店還可以看到「クリームボックス」做成的 RUSK 脆餅，建議與當地出品的酪王咖啡牛奶搭配會更加美味喔。

カスタード
秋田県大館市御成町 1-18-3-1
10:00 ～ 19:00
https://tabelog.com/akita/A0502/A050201/5006189/

長崎南山手布丁

日本各地特色甜點——其他地區篇

那些沒買到的甜點比初戀更遺憾

這篇所提到的甜點地區較為分散，但都是我曾經去過覺得很值得推薦給大家的，所以縱使無法以地區作介紹，還是決定要寫在書裡，不是都說吃甜點的是另一個胃，很希望大家若是造訪當地時，也可以去嘗嘗這些點心一飽口福。

滑雪場裡的絕品鬆餅

日本的很多滑雪場近年來都以全面複合式的方式經營，我在新潟縣的石打丸山滑雪場，就吃到一款令人驚訝的絕品鬆餅，最近的滑雪場已進化到如此地步，是要逼死誰呢？

石打丸山滑雪場位在山上的「THE VERANDA AT ISHIUCHI，推出一款人氣甜點「DUTCH BABY 荷蘭鬆餅」，用鑄鐵平底鍋盛裝，熱騰騰地超級美味。有蘋果肉桂、巧克力香蕉、香草檸檬、綜合莓果等口味，也有鹹口味的起司及生火腿沙拉等。建議將 DUTCH BABY 和咖啡外帶到外面的 SNOW GARDEN 去，因為那裡有透明的豪華帳棚，坐在裡面更可以感受到雪地裡戶外活動的樂趣。

不得不說，DOUCH BABY 真讓人另眼相看，通常烤好後的 DOUCH BABY 在潮濕的空氣中會慢慢變軟、扁塌。但這裡的縱使經過一段時間仍能維持外皮酥脆、內餡鬆軟的口感，縱然加上滿滿的冰淇淋、鮮奶油和藍莓果醬也依然酥脆有型。不禁讓我懷疑這個滑雪場是不是綁架了一個專業甜點師傅來這裡，才能做出比甜點店毫不遜色的絕品鬆餅。

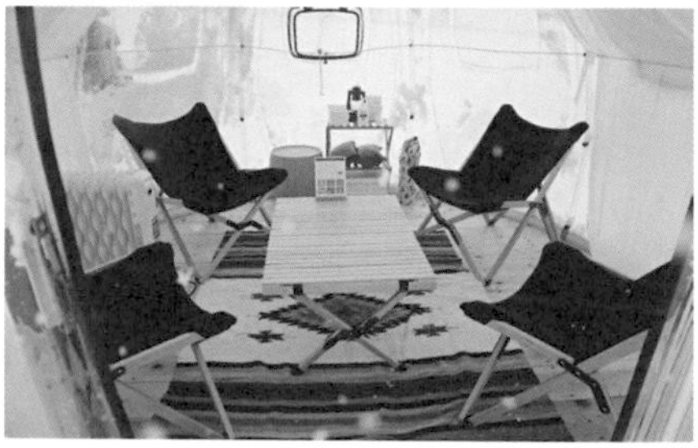

THE VERANDA AT ISHIUCHI

新潟県南魚沼市石打 1655

10:00 ～ 16：00（點餐時間 10:00 ～ 15:30）

https://ishiuchi.or.jp/

道後溫泉商店街甜點

比起泡溫泉，其實我更喜歡逛日本的溫泉商店街，永遠記得我在道後溫泉商店街大爆走的事蹟，都怪這裡的甜點太撩人了。

我在「道後 Milk Cheese Cake」買了裡面包一整顆蜜柑的牛奶生起司球外，還任性地點了一大瓶蜜柑優格牛奶，裡面有滿滿的蜜柑果粒、果醬和牛奶優格非常對味。另外，我還想買一個道後布丁和特殊造型的可愛冰淇淋，但是我和別人早已約好，一會兒就要去採訪道後溫泉的別館「飛鳥乃溫泉」。

當時他們正和蜷川實花合作，將蜷川實花一貫的奢華日式視覺風格作品，生動地呈現在中庭的四周和地板上。方才買的一堆美食，由於在短時間內喝不完和吃不完的情況下，我只好全數藏進裝滿採訪資料的背包裡。為了不讓牛奶生起司球被壓扁，還得小心翼翼深怕插著吸管的蜜柑優格牛奶灑出來……，那一天我幾乎是啟動了慢動作的機器人模式，而且走路也顯得特別有氣質，讓日本人見識到了何謂三寸金蓮的步伐（笑）！

道後 Milk Cheese Cake

道後布丁

蜜柑優格牛奶

牛奶生起司球

長崎新寵絕美彩繪玻璃布丁

在大浦天主堂前商店街裡的「南山手布丁」，是近年長崎的新寵人氣甜點，每一個布丁都是在職人們細心地手工下完成的，每天只做當天的數量，以最新鮮的狀態送達到消費者的手上。光是追求美味還不夠，運用健康天然的食材才是店家最執著的地方，於是採用九州產嚴選天然食材，如長崎縣島原半島產的雲仙牛乳、五島產海鹽、喜界島粗糖、日光金乃卵等奢華食材是他們的一大亮點。

南山手布丁的招牌甜點就是以大浦天主堂為背景創作出的彩繪玻璃布丁（ステンドグラスプリン），外觀絕美、口味絕品。運用如寶石般亮麗的果凍在外觀上呈現出冰涼澄清的透明感，色彩上則是鮮豔飽和的華麗感；同時彈力十足的果凍和絲滑柔嫩的布丁結合在一起，迸發出味蕾的火花，隱藏在背後的是高級雅致的上等香草莢帶來的芳醇韻味，可說是一款視覺味覺兼具的藝術甜點。

南山手布丁

彩繪玻璃布丁

草莓布丁

南山手布丁
長崎市南山手町 2-11
10:00 ～ 18:00
https://nagasaki-pudding.com/

大阪 RIKURO 老爺爺起司蛋糕

永遠忘不了自己曾經在大阪車站，排隊買到現烤的老爺爺起司蛋糕，然後竟然一個人在新幹線上吃掉一整個！實在是那種熱騰騰的鬆軟綿密感令人無法抗拒。原本我是在心齋橋大丸百貨看到老爺爺起司蛋糕的，排隊人潮也不長，還被他們的布丁和蛋糕卷深深吸引。但因為等一下還要去逛其他地方，所以我決定最後在車站裡再購入，沒想到這個決定讓我後悔了好久。

後來，在大阪車站找到老爺爺起司蛋糕店時，竟然看到排隊的隊伍是剛剛在大丸百貨看到的好幾倍，隊伍還分成兩邊，一邊是現烤起司一邊是早已烤好的成品，排現烤起司

蛋糕的隊伍又更長！心想既然人都已經來了當然是要吃現烤的，而且就算是當帶回去的伴手禮，對著大家說：「這是現烤的喔！」那種氣勢就是不一樣，於是我就狠下心排隊。可惜的是這裡沒有布丁和蛋糕卷，可能不同店鋪販賣的東西不太一樣或是提早賣完了，最後一刻終於買到，才狂跑跳上新幹線。氣喘如牛的我此時把一盒起司蛋糕打開來吃，終於吃到了現烤的 RIKURO 老爺爺好滿足，安慰了剛剛急到如熱鍋上螞蟻的我。

後來當我又有機會去大阪時才買到了心心念念的老爺爺鮮奶油蛋糕卷，以及期間限定的草莓鮮奶油口味，和起司蛋糕一樣鬆軟可口、深得我心。

在茨城與絕品蒙布朗相遇

日本的栗子絕大多數都是茨城縣產的，其中又以笠間市產的栗子最具代表性，這間位於笠間市的洋菓子名店「グリュイエール（GRUYRERS）」有著美味的蒙布朗，以及和栗子相關甜點。洋風十足的甜點店，就像座落在小鎮裡的一個童話版甜點屋，空間裡散發著古典高雅的氣質感，戶外也有綠意盎然的露天咖啡座。還好他們就在笠間車站的對面，店家也提供兩處停車場，交通非常方便，光是看到他們有兩處停車場可以停多台車，就知道客人多到絡繹不絕的程度。

我點了他們的招牌甜點蒙布朗，以及秋季最具代表用四大顆栗子做成的栗子派，另外，還有限定版的冰咖啡和風味無窮的栗子紅茶，頓時被滿滿的栗子包圍。看著同行的大塚先生，用他美麗的手指優雅地吃起絕品蒙布朗，絕對看不出來他平時說不喜歡甜點，吃完後還跟店家說要外帶栗子瑪德蓮蛋糕、栗子餅乾和店裡非常有人氣的五穀蛋糕卷。一邊開車一邊直呼：「那個蒙布朗太好吃了，要不是不方便帶著旅行，我還真想帶走七個呢！」

グリュイエール（GRUYRERS）
茨城県笠間市下市毛 285
9:30 ～ 18:30
https://kasamagashi.com/

內用空間

「グリュイエール」（GRUYRERS）外觀

半大顆哈密瓜加冰淇淋

年輪蛋糕

「深作農園」的奢華哈密瓜甜點和年輪蛋糕

位於日本哈密瓜產量最大的茨城縣鉾田市裡的「深作農園」，已超過一百年的歷史了，曾榮獲日本農業賞大賞，也經常出現在電視節目和雜誌等各大媒體上。

在這裡除了有甜美無比的新鮮哈密瓜，他們家的年輪蛋糕也很值得一嘗，甚至還獲得世界公認的五大冠軍，世界所公認的絕品喔！我毫不猶豫地點了店裡最自豪的哈密瓜甜點，有霸氣華麗的半大顆哈密瓜加冰淇淋以及哈密瓜蛋糕卷。哈密瓜用的是茨城縣最高級的「アールス」哈密瓜，又有伯爵甜瓜（Earls type）即阿露斯蜜瓜之稱，每一口都是甜蜜香濃的滋味，吃得好滿足啊！尤其是哈密瓜的甜度，幾乎比冰淇淋還要香濃甜美，太佩服「深作農園」的栽培能力，難怪一直不斷得獎、廣受地方與各界人士的歡迎！

吃完甜點後一定要到農園裡的年輪蛋糕專賣處購買伴手禮，另外這裡也買得到農園栽種的高級アールス哈密瓜，要是我家大塚婆婆在現場的話，一定會說出那句經典霸氣的話：「把這個、那個、還有那個通通給我包起來帶走！」

深作農園
茨城県鉾田市台濁沢 361
9:30 ～ 18:00
https://fukasaku.com/

「大丸屋」裡的十五種地瓜

很喜歡吃地瓜的我，來到日本發現這裡的地瓜種類超級多，因此每次在超市裡只要遇到沒看過的地瓜品種一定會買回家好好地品嘗一番，而且暗自決定希望有一天可以制霸全種類。

茨城縣因為擁有良好排水能力的火山灰土壤，還有緩坡地形，環境非常利於栽種番薯，所以他們的番薯農業產出額為全國第一名。光是這一個縣內就有好多品種：紅小金、紅優甘、赤東、赤優、赤遙、絲綢甜、紅姬（安納芋）、小町……等等，如果你也很喜歡地瓜一定要來這間從收成、乾燥到包裝全部都自己手工生產的「大丸屋」，共有十五種的不同種類地瓜喔。此外，還有好多種類的地瓜手工冰淇淋令人興奮不已。

為了能嘗到不同的口味，我和同行的大塚先生點了數量限定的燒烤地瓜外加兩種冰淇淋的吃法，剛好今日燒烤地瓜的品種是最甜美的「いずみ」；我的冰淇淋是茨城縣人氣第一名的「紅はるか」和甜美濃郁的「栗こかね」，大塚先生的是數量稀有的「星きらり」和紅はるか的兄弟品種「小町」，沒想到同樣是地瓜，仔細品嘗風味和香氣還真的不太一樣耶！

令人眼界大開的是這裡的地瓜乾品種超級多，很容易讓人陷入選擇困難，最後在工作人員的介紹下，我們選了甜度最高的いずみ、我自己很喜歡的安納芋品種「紅姬」和難得一見一整條地瓜而不是切片的地瓜乾。買回去後喜歡地瓜乾的大塚爺爺也不斷誇讚地說：「這裡的地瓜乾濕潤甜美，和一般的很不一樣，你們怎麼不帶個十大包回來呢！」（驚）

大丸屋
茨城県ひたちなか市釈迦町 18-38
平日 10:00 ～ 17:00 ，假日 9:00 ～ 17:30
https://www.e-daimaruya.co.jp/

和拉拉熊聯名合作的炸楓葉饅頭

巷弄街道裡充滿濃厚的古民房風味

在宮島商店街遇到拉拉熊炸「楓葉饅頭」

日本三景宮島除了有莊嚴神聖的嚴島神社及美麗的海中鳥居外，也是個好玩、好逛、又好吃的地方，島上有廣島特產和菓子「楓葉饅頭」，柔軟富有彈性像麻糬般的外皮是它最受歡迎的地方。現在已發展出包著各種不同的餡料口味外，還有各種不同的吃法，例如裡面夾草莓鮮奶油或抹鮮奶油、或是做成派餅及銅鑼燒的形式、或是炸起來吃、還是沾著各種醬料一起吃等等，花樣多多都很吸引人。

拉拉熊炸楓葉饅頭

其中和拉拉熊聯名合作的炸楓葉饅頭，有可愛的拉拉熊外表和酥脆且富彈力的特殊口感，加上巧克力、牛奶和紅豆三種口味，炸過後更加美味，而且還是只有這裡才吃得到的宮島限定喔。

品嚐楓葉饅頭外，別忘了在島上漫步繼續探訪其他的美食樂趣無窮，巷弄街道裡充滿濃厚的古民房風味，走著走著還會發現一些讓人眼睛一亮的商家，在古色古香的建築物襯托下，多了幾分歷史感與往日懷舊情懷，宮島的美食美景別具風味！

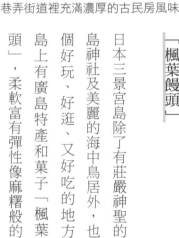

富山灣岸古民房裡的水糰子

喜歡日式糰子的朋友們一定要認識這款比一般糰子更輕盈、在口中很快就融化的「水糰子」，淋上用豌豆做成的綠色黃豆粉非常爽口，吃完還會意猶未盡。我是在富山黑部市灣岸的一間古民房餐廳吃到的，這間頗具地方風情的古民房餐廳「北洋之館」，古樸的用餐空間讓人感到輕鬆自在，但裡面的擺設與收藏品卻又透露著充滿故事感的氛圍。好喜歡這樣的用餐環境，可以在裡面慢慢感受空氣中散發的地方情懷。

這裡的飯後甜點水糰子有著細膩柔美的口感，我在嘗過之後便趕快跑到店裡的伴手禮區尋找它的蹤跡，結果發現這種甜點的賞味期限只有一天，雖然好心的老闆告訴我在黑部宇奈月溫泉車站對面，專門賣伴手禮的店鋪也可以買到。但當我帶著興奮的心情在回東京前，奔向車站趕去購買心心念念的水糰子時，結果竟發現它早已關門了！我的心就這樣留在這間古民房「北洋之館」，直到現在還念念不忘、朝思暮想……

北洋之館
富山県黒部市生地芦崎字下浦 330
10:00 ～ 17:00（定休日 週二）
https://www.marunaka-suisan.jp/

岐阜郡上令人拍案叫絕的五平餅

記得有一年搭乘岐阜郡上當地特有的長良川鐵道，沿著美麗知名的長良川一路行駛到郡上大和駅，說真的好喜歡這種鐵路之旅，尤其是具有地方傳統風味的鐵道。在郡上大和下車後發現，這裡是一處樸實無華卻很有質感的地方，在這裡慢慢散步是很舒服的事。當我們走到「道の駅古今伝授の里やまと」時，又發現連這裡的道路休息站也好有氣質，裡面有天然溫泉、餐廳、伴手禮販賣處、朝市（販賣蔬果農產品）等，讓人逛得很盡興。

不過除了氛圍景色吸引人，當地酪農製造的濃厚優格（超級香濃好喝）和當地名物五平餅與甜醬油糰子，也很讓人難忘。現場燒烤的五平餅真讓人拍案叫絕，第一口就令人大大驚艷，立刻被它的滋味與口感魅惑了所有的味蕾。五平餅是日本中部的一種鄉土料理，沾上香濃微甜的味增燒烤而成，且吃得到米粒感的麻糬非常特別，配上香醇優格竟然也很對味，果然道地的鄉里滋味是最深入人心的。

道の駅 古今伝授の里 やまと
岐阜県郡上市大和町剣１６４
9:00～18:00
https://gujo-yamato.jp/facility/index.html

甜醬油糰子

五平餅

可以吃的哆啦A夢道具

世界知名「哆啦A夢」漫畫家「藤子・F・不二雄」，長期住在神奈川縣的川崎市，於是這裡建造了一個博物館，可以認識更多他的作品並傳承作者的理念。除了能欣賞藤子・F・不二雄的原稿沉浸在哆啦A夢的世界裡之外，還能盡情地體驗遊歷於漫畫中。館內設有周邊商品店與特色咖啡廳，博物館頂樓的露天空間裡，四季更迭之美與哆啦A夢的場景設置也是一大亮點。

頂樓的哆啦A夢咖啡廳當然是一定要進去的，這裡有哆啦A夢最喜歡的銅鑼燒、大雄考試前臨時抱佛腳的記憶吐司、哆啦A夢造型的蛋糕和手工和菓子、還有各種創意飲料等。每一樣都讓人回想起小時候看哆啦A夢的美好時光，就算現在變成了大人，還是依然喜愛哆啦A夢裡不被大人干擾的獨特世界觀，果然是世界都喜愛的哆啦A夢啊！

哆啦Ａ夢銅鑼燒

哆啦Ａ夢創意飲料

藤子・F・不二雄博物館
神奈川県川崎市多摩区長尾２丁目８番１号
10:00～18:00
https://fujiko-museum.com/

大塚家的日常滋味

家族成員各自推薦的美味甜點

我們家喜愛的甜點已經在前面陸陸續續出現過，這一篇是專門介紹遺珠之憾，以及大塚家成員們個人推薦的甜點與背後的故事。當他們知道這本書裡我規畫了一個關於甜點的篇章時，大家便七嘴八舌地跑來跟我說，他們也想把自己中意的甜點介紹給大家，於是這篇文章就這樣形成了。

大塚爺爺的超商甜點

大塚爺爺每次從外面回來常會提一袋超商的甜點零食，裡面通常是日本各大超商的經典甜點或最新商品。我們都早已習慣，只要桌子上有任何超商甜點，大概都是爺爺買的，根本可以當日本超商的代言人了。吃了這麼久的超商甜點，不得不承認日本的超商甜點變化多端且不斷有新商品推出，最重要的是味道不輸給專業的甜點專賣店。這種隨手可得、價格便宜、推陳出新的美味甜點就是便利超商最吸引人的地方。

大致來說，日本最常看到的超商主要有 7-11、Lawson、Family Mart 這三間，各縣市還有自己獨特的地方超商，像是北海道的 Secomart。各家超商甜點的特色也不太一樣，記得印象深刻的 7-11 甜點有：與日本 Haagen-Dazs 共同開發合作的「Japonais」系列，黑蜜黃豆粉紅豆、麻糬黑蜜黃豆粉、和式栗子紅豆等口味都是經典；還有 7-11 的抹茶系列甜點、卡門貝爾乳酪舒芙蕾蛋糕、蘭姆葡萄夾心餅乾、金の系列年輪蛋糕等，都是爺爺常買回來的人氣商品。

Lawson 的甜點一直是被認為是高水準的商品，知名的有經典不敗的高級蛋糕卷，除了很具人氣的原味蛋糕卷外，不定期還會推出各種創意十足的口味。記得曾有秋季新品是以石川縣生產高品質的五郎島金時蕃薯與黑芝麻的組合，連本體的海綿蛋糕都充滿濃厚的黑芝麻香氣。還有例如季節限定的櫻花版，這款蛋糕卷有櫻花葉碎末、紅豆奶油和大納言密紅豆的多重滋味，散發著日式風情的季節感。

甚至每年日本的好夫妻日「いい夫婦の日」，十一月二十二日的日文發音剛好相似的關係，LAWSON 的人氣定番蛋糕卷，每年只有這一天會放兩顆愛心草莓在上面以示慶祝。另外他們和 GODIVA 聯名的各式華麗巧克力甜點，總是吸睛度滿滿，讓人抗拒不了誘惑！

Family Mart 有我們家最愛的舒芙蕾布丁，在濃厚香醇的雞蛋燒烤布丁上擠上一層微甜順滑的鮮奶油，最後在上方擺上一個蓬鬆柔軟的舒芙蕾蛋糕，從外觀看上去就非常迷人。他們在開業第四十周年時，全國各地的工作人員一起研究了一個有趣的提案，那就是將全家人氣NO.1的甜點舒芙蕾布丁設計成日本全國六大區域不同的版本，引起不少關注。最近 Family Mart 最受注目的話題商品竟是東京芭娜娜香蕉牛奶，將那款台灣遊客來東京必買的伴手禮東京芭娜娜，轉身變為一款飲料，不得不說日本的超商甜點沒有極限啊！我家大塚爺爺會繼續買下去的……。

卡門貝爾乳酪舒芙蕾蛋糕

新商品不斷登場

大塚婆婆的 Mini Stop 霜淇淋

嚴格說我家婆婆比較鍾愛日式甜點，前面的文章裡也介紹過幾個她推薦的和菓子，但 Mini Stop 的霜淇淋與我家婆婆之間發生了一些有趣的故事，所以就算也是婆婆推薦的甜點吧。

記得有很長一段時間，每天傍晚四點左右，婆婆都會帶一個黑色的袋子出門，但約十分鐘後就會回來，因為太頻繁了幾乎每天都如此，讓我很想知道她是去做什麼。偶爾我會故意在她進門時問候她，此時會看到她泛紅的臉龐，加上抱著袋子躲躲藏藏的樣子，讓我更好奇。曾經想過她可能去買東西，但為什麼要臉紅和躲藏？也曾想過她可能去會鄰居或朋友，但為什麼要幾乎每天都去，一次只聊五分鐘？更大膽想過她可能去看帥哥，固定時間的送貨小哥或郵差先生，所以才會臉紅加隱藏，但為何要帶一個黑色袋子？

這個懸案就在某一天，我家的大塚小弟居然大刺刺地在婆婆回來脫鞋子時，把放在一旁的黑袋子打開來看，哈哈哈……裡面居然放了兩個 Mini Stop 的霜淇淋！讓我猜了好久的真相原來是……，婆婆愛上Mini Stop的霜淇淋，而且一次要吃兩支才過癮，因為覺得不好意思怕被發現，才會有泛紅的臉龐和躲躲藏藏的態度。我跟婆婆說別在意，以後要買順便也幫我買一個喔。

還有一次，我們在家一邊吃飯一邊看電視，看到了一個正在介紹Mini Stop新商品甜點的節目，其中竟然有一款冰淇淋，把從台灣進口的台農57號地瓜和Mini Stop的經典香草冰淇淋結合在一起。將台灣地瓜烤得香噴噴後再淋上冰淇淋，簡直就是冰與火冷熱交替的享受，家裡的吃貨們看了馬上尖叫說想吃。此時大家七嘴八舌討論著：「這麼晚了不知道還有沒有在賣耶？」大塚先生說：「就算有在賣，但現在電視播出後一定會有一堆人跑去買的，可能要排隊喔……」大塚姊姊吵著要求：「那我們明天一大早就跑去買，如果吃不到的話人家會哭啦！」

當我們在客廳裡你一句我一句沒完沒了時，早已有一個人在神不知鬼不覺中，以火箭般的速度衝到我們家附近的Mini Stop。接著再用跑百米的飛速把熱騰騰正在融化中的台灣烤蜜汁地瓜冰淇淋，迅雷不急掩耳地送到我們眼前，氣喘喘地說：「在還沒有全部融化前快點吃吧！」

天啊！烤得細緻綿密、熱氣仍在的台農57號，充滿台灣地瓜獨有的甜美與香氣，和Mini Stop的經典人氣香草冰淇淋好配。雖然冰淇淋融化的速度有點快，但每個人都吃得非常滿足。大家一定想不到跑出去買的人，會是我家大塚婆婆吧！婆婆除了買東西超霸氣加帥氣外，還是一個快狠準、果斷堅決的人，看不出來在她溫柔婉約的外表下，內心其實住著個大爺，更是寵家狂魔，一旦狠起來，我們大塚家的男子們都輸了！當婆婆回來的時候想給她來一段，洛基的背景音樂Gonna Fly Now……。

外帶Mini Stop冰淇淋會多一個甜筒蓋

安納芋口味的Mini Stop冰淇淋

Mini Stop 的霜淇淋除了香草牛奶口味外，還推出過許多期間限定口味，如比利時巧克力口味、種子島蜜安納芋、石垣島紅芋、各季節水果口味等。而且打包冰淇淋回家上面會多一個甜筒餅蓋，有機會大家不妨也打包回飯店享用，不知為何多了個甜筒蓋讓人特別開心。

大塚先生的「治一郎」年輪蛋糕和布丁

雖然大塚先生對甜食不像我們家其他成員這麼感興趣，但有一天他卻說想訂一個在網購上號稱是人氣NO.1的年輪蛋糕來吃吃看，那就是二〇〇九年在靜岡縣創業的「治一郎」。

當時為了製作出比一般年輪蛋糕更濕潤更柔軟，卻不失紮實的口感，烘焙職人試做了一百次以上才滿意地以現在的成品定案，而「治一郎」這個名字就是當初做出這款年輪蛋糕那位職人的名字，可見得店家想拿這款年輪蛋糕來定生死的決心與信心。

大塚先生訂的還是「治一郎」年輪系列裡最奢華、有二十四層八公分高的最高級年輪蛋糕。果然第一口就讓我們感受到濃濃的蛋香和綿密的口感，奶油味雖然沒有一般年輪蛋糕強烈，卻有一種柔美內斂的韻味，彷彿餘音繞樑般地迴盪在味覺記憶中，連不是很喜歡甜食的大塚先生都讚不絕口。

其實「治一郎」的布丁和蛋糕卷也在網路上有不錯的口碑，在品嘗年輪蛋糕時我就一直惦記著，沒想到有一天在晴空塔的二樓甜點區裡，竟被我遇到他們的臨時專賣櫃，當下立馬把布丁和蛋糕卷買回家，順便再帶一小條濃厚巧克力蛋糕。在全家品嘗過後，都肯定他們的布丁真的很不錯，絲滑順口的質地把香濃的雞蛋香都滑進我們心裡，接著淋上附上的焦糖醬後又是不一樣的絕品風味。

正在吃得津津有味時我家大塚小姑回來了，從一進門口就大叫：「趕快來看喔～～～我帶回來了最近超人氣的話題布丁喔……」是的！我們家常會發生這種事，當吃貨們住在一起久了，做的事情、買的東西常常會有互撞的現象發生，例如：同一天婆婆和我都買銅鑼燒回家，或是同一天小姑和婆婆都買了麵包等，因為已經發生過太多次我們已見怪不怪。結果小姑買的布丁是哪一家的呢？請往下看就知道了。一天吃到兩種絕品布丁的感覺，可以更明顯感受到兩者不同出色的地方，只有三個字可以形容，太絕了……

治一郎
静岡県浜松市西區大平台３丁目１番１号（大平台本店）
9:00～18:30（不定休）
https://jiichiro.com/

大塚小姑的布丁和雲蛋糕

繼續上面的話題，大塚小姑帶回來的是一款東京話題懷舊布丁「プリンに恋して」（戀上布丁），保持著從江戶時期由英國傳進日本以來，隨著時代的變遷卻不變的滋味。所謂懷舊經典布丁是一種質地比較紮實、口感偏向固態稍硬的布丁，也就是在近來流行復古風潮中的一種純喫茶風味布丁。

雖然懷舊經典布丁是一種簡單的古早風味，但プリンに恋して用不簡單的素材展現簡單的滋味，其紮實的質地靠得是雞蛋的天然本質營造出來的。美味的關鍵就在其使用的是具有高品質、高彈力度和韌性以及散發濃烈甜美滋味的「那須御養卵」；還有北海道美瑛產稀有的澤西牛乳，因為乳脂肪在百分之四點二以上，所以會在牛奶的表面製造出一層鮮奶油，能夠自然形成鮮奶油的稠度，可見得其濃厚香醇的程度。

我們家小姑也很喜歡去尋訪一些話題人氣甜點讓家人嘗鮮，有一天她打電話回家，說她終於排隊拿到了號碼牌，可以購買在日本橋的文華東方飯店一樓甜點店推出的限量 KUMO 雲蛋糕。這一次還是限量的限定版芒果口味，據說在日本網路上瘋狂流傳中，小姑受不了誘惑也跑去排隊了。我上網一查發現，果然這朵 KUMO 雲蛋糕真的非常有名，至今推出過抹茶、櫻花、草莓、栗子等口味，每一種都造成大排長龍的盛況。

就在大家萬分期待的心情下，小姑一回家馬上把蛋糕盒打開來，我們看到一坨小小的白雲造型蛋糕，躺在一個大大的盒子裡顯得非常袖珍小巧。這一看我心想不得了，要將這朵白雲切成七人份太難了，不僅要展現平日就被頻繁訓練的刀工外，還要有精準的數學能力（數學說干它何事），不然分不平均有人會生氣的。在一陣手忙腳亂中終於切好七份的時候，大塚先生吃了一口說話了：「芒果的風味雖然濃郁芳香，但只吃到一小口不過癮！」還好冰箱裡有剩下一些切好的台灣芒果，拿來搭配正好可以延續蛋糕的美味，還更凸顯出芒果自然的甜美風味。建議喜歡話題人氣和追求潮流的朋友們，若有機會吃到這款雲蛋糕，一個人獨享一個比較能感受到它帶來的不平凡喔。

KUMO 雲蛋糕

東京都中央区日本橋室町 2－1－1

平日 11：00 ～ 19：00

（雲蛋糕 9：30 發整理券）

https://www.mandarinoriental.com/ja/tokyo/nihonbashi

プリンに恋して

東京都豊島区西池袋 1 丁目 12 番 1 号 エソラ池袋 B1 階

11:00 ～ 21:00

https://i-love-pudding.com/

大塚姊姊的「Qu'il fait bon」

「Qu'il fait bon」是我剛來日本，也是還沒生小孩的時候就滿喜歡的一個甜點。那時跟大塚先生兩個人經常跑去他們在銀座的本店，一棟純白色浪漫的甜點屋裡喝下午茶，並外帶幾個蛋糕塔回家。他們家展示季節水果塔的蛋糕櫃總是像珠寶盒一樣閃閃發亮地吸引著大家的眼光，我們也成了忠實的愛好者，一連吃了好幾年。後來小鬼們接連來報到後，可能是生活習慣變了、出入場所也變了，與「Qu'il fait bon」的約會也暫時結束了。

後來小鬼們長大後，當我們在晴空塔又遇到「Qu'il fait bon」時，我家姊姊也深深愛上了它的滋味，真是個奇妙的緣分。去年大塚姊姊的生日，由於疫情下無法回台灣隨意旅遊的暑假，就讓姊姊自己選擇過生日的方式。她說生日蛋糕想訂 Qu'il fait bon 的水蜜桃起司派，於是我們訂了（只是又漲價了）。那滿滿新鮮水蜜桃非常迷人，裡面包著水蜜桃慕斯與卡士達奶油，最下面是「Qu'il fait bon」軟硬適中的經典塔皮，一切都維持著以往的高品質，口感如此的絕配。就算小孩在成長的同時物價也跟著一起成長，還是要祝姊姊十六歲生日快樂，願她開開心心擁抱自己的人生……

大塚太太的「HARBS」

HARBS 也可說是我們全家都喜歡的甜點，經常出現在大塚家成員們的慶生會和聖誕夜的晚餐派對上。記得有一年大年初二，一早正當在家趕稿忘了有這回事時，我家大塚先生突然對我說：「今年過年又不能回娘家了，我帶妳出去走走、吃吃飯好不好？」於是大塚先生帶我去的是位於丸之內大樓裡的 HARBS，請原諒我家大塚先生沒什麼新意，他只知道我每次吃到這家蛋糕會很開心，所以也希望在農曆年期間可以讓我心情好。幾乎吃過 HARBS 各種口味的我，竟然在這間 HARBS 遇到了從來沒看過的店鋪限定 King Chocolate Cake，上面還有可愛的奶油小泡芙，太幸運了！

當天吃完了他們的義大利麵加 half 蛋糕特惠套餐後，我們又帶走了七人份的蛋糕，非常完美。回家後大家也對我說：「為了慰藉妳又不能回家過年的遺憾，我們的蛋糕可以分妳吃一口喔～～～」於是今天我吃了 HARBS 午餐附的巧克力香蕉派、草莓慕斯蛋糕之外，還吃了另外外帶的店鋪限定 King Chocolate Cake、夾著滿滿堅果類的巧克力蛋糕、經典草莓鮮奶油蛋糕以及人氣不敗的水果千層蛋糕。一次可以吃到這麼多口味的 HARBS，我能有什麼不滿，當時心想如果明年還不能回去台灣的話，可以把蛋糕櫃裡全部的口味買回來嗎（笑）？

草莓鮮奶油蛋糕

生日蛋糕

HARBS 特惠午餐

特惠午餐裡的 Half 蛋糕

大塚家推薦的人氣麵包

麵包控的天堂

來到日本後，被這裡琳瑯滿目的麵包店和各式各樣的麵包所驚豔，不僅全國各地有自己獨特的麵包坊外，從海外來的知名品牌也在日本人的精心包裝下，多了許多日式精緻色彩，連日本自己本來的傳統古早味麵包也深具魅力，害我每次走進麵包店裡就有一種後宮佳麗三千要翻哪一個牌的選擇困難症，與通通想帶回家的癡心妄想症中徘徊。

其實，不只我，我們一家人幾乎都是麵包控，如果問：「要吃飯還是麵包？」得到的答案多數是：麵包！這篇就要推薦幾家大塚家很喜歡的麵包店給大家。

澀谷美食販賣區的華麗麵包店

東京巷弄中到處飄散著烘培的奶油小麥香，讓麵包控們如癡如醉。近來連

BOUL’ANGE

錐形麵包奶油夾心卷

澀谷最大的美食販賣區「FOOD SHOW」在MARC CITY隆重登場時，號稱裡面集結了各種限定又獨特的各家甜點，我去逛了一圈發現意外搶眼的竟是麵包店鋪！因為兩層樓裡面擠進了七間麵包店，每一間都不會比那些華麗迷人的甜點遜色。

其中以絕品可頌麵包聞名的「BOUL’ANGE」居然有多種不同的可頌麵包集合在一起，要讓麵包控們完全招架不住當場淪陷。他們的人氣商品除了酥脆香濃的可頌麵包外，錐形麵包奶油夾心卷也是頗具魅力的必買商品，放在透明的展示櫃裡經常處於缺貨的狀態。有開心果奶油、牛奶奶油、巧克力奶油、栗子奶油、檸檬奶油等口味。

另外一間規模頗大的「THE STANDARD BAKERS FARM」，店裡全部約五十種麵包陳列出來的氣勢令人著迷，使用「日光御養卵」做成的招牌麵包、用法國麵包做成的 Croque Monsieur、夾著超大西式香腸的歐式麵包等都好吸引人喔。那一天我在這獨特甜點集結的 FOOD SHOW 裡，流連忘返於這幾間麵包店中，結果買的麵包比甜點多，請各位相信，麵包絕對是個狠角色，一旦狠起來甜點們都會花容失色的！

MARC CITY「FOOD SHOW」
東京都澀谷区澀谷 2-24-1
10:00～21:00
https://www.tokyu-dept.co.jp/shibuya_foodshow/

東京下町古早味咖哩麵包

我們家附近的下町「森下」有一間很任性的麵包店「Boulangerie MAISON NOBU」，星期一到星期三公休，有時候還會遇到突然的不定期公休，但我家大塚爺爺很喜歡跑去碰碰運氣。他們的人氣麵包很多，例如：紅豆奶油麵包、葡萄乾麵包、法國麵包、奶油夾心麵包、蘭姆葡萄夾心麵包、以及外皮酥脆內部鬆軟的山形吐司等。然而並不是每天都有，還要看每個時段去的時候遇到什麼樣的麵包，但目前為止爺爺買回來的麵包都很美味，我們都還滿期待他跑去買的，於是這麵包店的暱稱就是「爺爺的麵包坊」（笑）。

Boulangerie MAISON NOBU
東京都江東区森下 3-14-1
9:00～18:00
（定休日 週一～週三和不定期）
https://tabelog.com/tokyo/A1312/A131201/13218002/

曾有臉書讀者請我家大塚爺爺介紹美食，我以為爺爺可能會介紹的是他最愛的便利超商甜點，沒想到當我問他的時候，爺爺很認真地思考並回答說想介紹自己喜歡的下町傳統麵包。在爺爺老家「門前仲町」附近的森下，有一間咖哩麵包專賣店「Cattlea」，是西元一八七七年開業的百年老店，據說他們的咖哩麵包是元祖喔。細緻的外皮與濃稠綿密的餡料將日式咖哩麵包的精髓完美呈現，是我家大塚爺爺從小吃到大的國民美食。爺爺說，他喜歡台灣的古早味，所以也要把東京下町的古早味介紹給大家。

Cattlea
東京都江東區森下 1-6-10
7:00 ～ 19:00，假日 08:00 ～ 18:00
（定休日週日、週一）
https://www.cattlea-bakery.com/

將法國味帶回日本的岩永先生

我們家大塚小姑也是個重度麵包控，經常從外面買一堆美味的麵包回家給大家品嘗，很多在東京知名的人氣麵包幾乎都被她買過，其中她的愛店「bricolage bread & co.」所製作的可頌麵包和 Baton Branche（細長型的麵包），讓大家一吃就愛上了。為了可以和這些麵包匹配，我會在假日的清晨早起做一鍋松葉蟹奶油濃湯，讓大家在麵包與濃濃的奶油香氣中醒來，沉浸在幸福的美味早午餐中。

我先用洋蔥將培根、紅椒和紅蘿蔔炒香，加水蓋過食材

松葉蟹肉罐頭

可頌麵包配松葉蟹濃湯

bricolage bread & co.
東京都港区六本木 6 丁目 15-1 けやき坂テラス 1F
週二、三、四 7:00 ～ 19:00，週五 7:00 ～ 20:00，假日、假日前 8:00 ～ 20:00
https://bricolagebread.com/

慢慢燉煮，等食材煮爛後用攪拌器打成泥狀，加入牛奶和法式蔬菜高湯粉拌勻，再加入切塊煮熟的馬鈴薯、番薯、紅蘿蔔塊和松葉蟹肉罐頭，最後用鹽和黑胡椒調味即可。看大家吃得一臉幸福的模樣，就是我們家假日自然醒的餐桌風景，也是身為媳婦和媽媽我最欣慰的時刻。

就算我們家小姑去大阪旅行時，也會不辭勞苦帶回關西的人氣話題麵包，這間曾榮獲日本 TABELOG 第一名，號稱關西最美味的麵包坊「Le Sucre Coeur」，吸引了日本全國各地麵包控們紛紛前往品嘗。Le Sucre Coeur 的店名是當初到法國修業的主人岩永先生看錯而來的，那時他在打開來的地圖上看到自己想去的地方正好在聖心堂（Sacré-Cœur）附近，因為地圖上的摺痕讓自己看成了「Sucre Coeur」，為了紀念當初麵包修業的起點和初衷，就這樣變成了店鋪的名字。創始人岩永先生回憶起自己回國後，將全部的資金、精力和所學都投入到麵包坊的決定，從一間小小的店面轉變到現在北新地嶄新的格局。這中間所經歷的辛勞與困苦，是他人無法體會的。每當他想要放棄的那一刻，能夠支撐他自己的，就是那時學習麵包的初衷。雖然麵包坊的名字「Le Sucre Coeur」是因為錯誤而來，但這個名字卻有著堅定的決心與意義。

小姑竟然帶回了他們家超大尺寸的法式鄉村麵包，靠的是水、酵母、小麥粉和鹽隨著時間的變化各有不同的風味呈現，單純樸實、咬勁十足，拿來搭配各種料理絕對有出色的襯托效果。另外必買的就是法國頗具代表性的可頌麵包，超人氣的絕品滋味，無論在酥脆口感、奶油香氣、和後勁韻味無窮等方面都非常出類拔萃，可說是可頌麵包中的完美終極版。其實上一間介紹的 bricolage bread & co.，與 Le Sucre Coeur 的創始人都是岩永先生，難怪這兩間的麵包有種相似的風味，也難怪我家小姑同時愛上它們。

法式鄉村麵包

Le Sucre Coeur

大阪府大阪市北区堂島浜 1-2-1 新ダイビル 1F

11:00 ～ 21:00
（定休日 週日、週一）

http://www.lesucrecoeur.com/home.html

擄獲人心的另類麵包店

這裡要推薦另外兩間小姑最近愛上的特別麵包店，其中一間麵包坊兼餐廳的「flour+water」，無論是麵包、餐飲和用餐空間都非常優秀，絕對是麵包控的天堂，所以一定要介紹給大家。這間位於中目黑的flour+water，店裡的 BRUNCH 可是網紅級的美食，只要一千七百日幣即可任選四種店裡的麵包，外加濃湯或沙拉與飲料。重點是這裡的麵包都太有吸引力了，種類多到讓人眼花撩亂且口味絕佳，無論鹹的甜的都有。若覺得四個吃不夠的話，還可以另外購買外帶回家喔，麵包控們看到現場的麵包會失控的！

flour+water

flour+water

東京都目黒区青葉台 1-30-10 https://tabelog.com/tokyo/A1317/A131701/13269899/

麵包 9:00～16:00，早午餐 10:00～14:00，下午茶 14:00～16:00，BAR 17:00～21:30

光是待在店裡就很療癒的 AMAM DACTOAN

另一間，則是絕美的「AMAM DACOTAN」，本店其實是在福岡，但當東京表參道開這間分店時，馬上吸引朝聖者前往，據說就算是雨天也一樣大排長龍，人潮絡繹不絕。店內的鹹口味麵包是強項，因為食材豐富，每一款幾乎都可以當作正餐呢，另外猶如甜點般的甜口味麵包和散發香濃牛奶香與柔潤口感的吐司，迷人的口感與魅力也不容小覷。再加上店內裝飾充滿華麗又夢幻的色彩，和一般麵包店很不一樣，光是待在店裡就很療癒了，更別說還有如此擄獲人心的麵包。

AMAM DACOTAN
東京都港区北青山 3-7-6
11:00 ～ 19:00
https://amamdacotan.com/

事先預約才能吃到的秘密麵包坊

接著要介紹一間非常特立獨行的麵包坊，是一間只有事先預約才能夠進入購買的秘密麵包店「中村食糧」，就在人氣咖啡街道清澄白河一帶。原本是位於和歌山的一間人氣麵包坊，後來在二〇二〇年九月轉移到東京清澄白河的巷弄裡，宛如一間隱藏版的秘密工房，不需特別宣傳就吸引了一堆愛好者前往。因為他們沒有明顯的看板、也沒有特意指引的路標、更不會讓消費者隨意進出，只能在約好的時間在門口報出預約時的姓名，經過驗證後才可以進入；而且一次只能進去一組人馬，剩下的人都要在外面乖乖等候。從外面看起來簡直就像一個極度秘密組織，不禁讓人懷疑這裡在販賣什麼不可告人的貨物。

中村食糧所採用的烘焙手法，是在國產小麥粉中添加豐沛的水量，再以自家獨特的調製方法，製作出獨具特色口感的麵包。其基本口感包含酥脆有嚼勁的外皮，以及柔軟且富有彈性的麵包質地。但是，他們也會在麵包質地中加入各種豐富的食材，以營造簡單和複雜之間的完美平衡。因此，可以同時享受到簡潔的純淨和華麗的口感變化，感覺中村食糧的主人是一位技藝高超的麵包大師。

中村食糧

東京都江東区清澄 3-4-20-102

只有事先與約才能來店，預約方式請查閱官網

https://nacamera.net/

如淡雪般細緻的生吐司

「銀座に志かわ」是我家婆婆常光顧的生吐司店鋪，在料理的世界水質占了很重要的腳色，是決定美味度的關鍵元素。因此他們堅持採用PH值比一般天然水高，富含礦物質的特殊水質，藉以讓所有的素材盡情發揮，於是像絹一樣有韌度又像淡雪一樣的細緻就是銀座に志かわ生吐司的美味宗旨。

除了直接享用外，銀座に志かわ的生吐司跟其他料理的相合度也頗高，他們宣稱是一款和日式料理特別搭的吐司，不妨試試看用他們的生吐司來取代白飯與各式小菜搭配囉。此外，他們也新推出了高級生吐司紅豆口味，裡面滿滿都是紅豆餡，只切一小塊就可以吃到好多甜美細緻的紅豆泥，生吐司的柔軟細膩感在蜜紅豆的點綴下更精彩了。

銀座に志かわ（銀座本店）

東京都中央区銀座 1 丁目 27-12 キャビネットビル 1F

10:00 ～ 18:00

https://www.ginza-nishikawa.co.jp/

旅行中難忘的麵包緣分

我在旅行中遇到了兩家令人難忘的麵包店，其中一家是位於北海道的「Ferme La Terre 美瑛」。我非常喜歡美瑛這個地方，它位於北海道中部資源豐沛的位置，是許多人心目中日本最美的村莊之一。美瑛常以廣闊無邊的麥田風光和大地拼布景觀深入大家的腦海中，所孕育出來的農產擁有美瑛大地賦予的美好滋味。

我看過他們在東京的店鋪人聲鼎沸的模樣，沒想到有一天竟然可以拜訪在美瑛的本店，吃到美味的午餐太幸福了！店裡自豪的北海道澤西牛奶吐司，使用美瑛當地放牧澤西牛的鮮奶、北海道夢幻白米「ゆめぴりか」的米粉和獨家素材「白樺樹液」所做成的吐司口感特別香濃綿密。

我的午餐就是那香濃無比的澤西牛奶、手工麵包、和牛漢堡排，光是第一口牛奶和麵包就已經大大滿足了，再享用一盤精緻的主食更是幸福感滿滿！最後一定要帶走幾樣他們家的人氣伴手禮，其中奶油起司夾

年輪蛋糕

Ferme La Terre 美瑛外觀

奶油起司夾心三明治

Ferme La Terre 美瑛
北海道上川郡美瑛町字大村村山
10:00 ～ 17:00
https://laterre.com/fermebiei/

自家製手工麵包

心三明治就是店裡的夢幻逸品。

另一家，是我在愛媛旅行時遇到的一間宛如吉卜力世界裡的麵包坊「ぱんや雲珠」，可愛的外觀造型和房屋四周的花草植物都經過精心設計，立刻吸引了大家的眼光。每一個麵包都是如此獨特又具有個性地排列在木頭年輪板上，連名字都非常有意思，

ぱんや雲珠的外觀造型很可愛

麵包樣式口味很多

麵包坊內裝飾擺設很童話

讓人好想通通帶回家去，重點是價格一點也不貴，絕對是在東京買不到的價位！

麵包坊裡面的裝飾擺設也非常童話，很多小細節都令人感到驚喜，和麵包一樣精彩。這間讓人流連忘返的麵包坊，最後在依依不捨下千挑萬選了幾個麵包才罷休，要不是賞味時間有限且我還有其他的行程，不然很想把行李箱裝滿拿回東京啊！

ぱんや雲珠

愛媛県松山市東野 1-2-15

7:00 ～ 17:00（定休日 週一、週二）

https://tabelog.com/ehime/A3801/A380101/38011938/

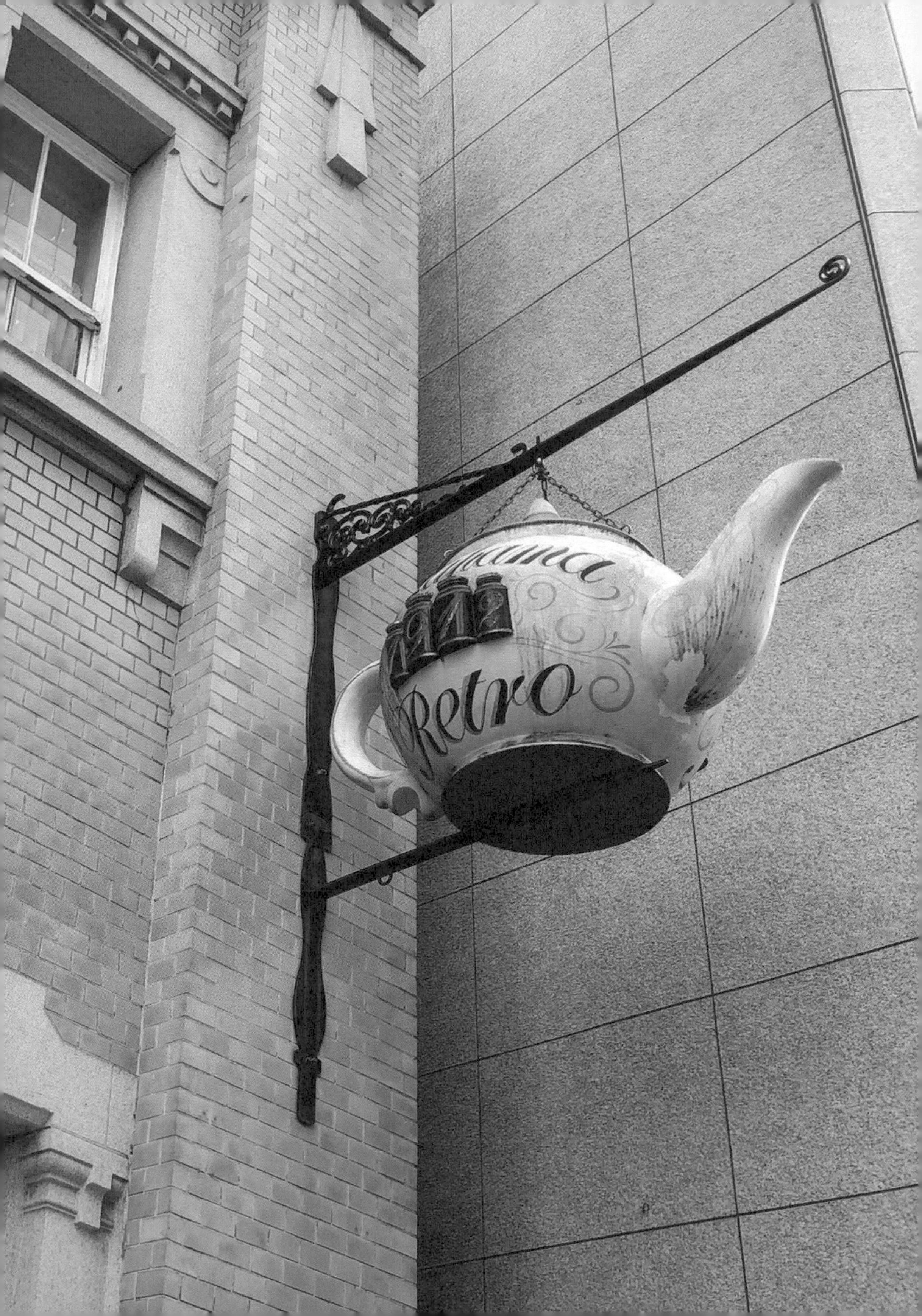
Retro

CHAPTER 4

｜大東京地區伴手禮推薦｜

對於許多出國旅遊的人來說，選購伴手禮是一項非常重要且有趣的任務。我經常收到私訊詢問有哪些人氣伴手禮可以推薦給他們。選購伴手禮確實是一個大工程，我們常常為了選購適合的禮物而苦惱不已，但送禮與受禮的雙方都能感到快樂才是伴手禮的主要目的。

當寫這本書時，我就想要闢一個章節，專門介紹日本人自己都搶著買的伴手禮，其中有一些也是我們每次回台灣時必備的禮物。這裡介紹了最新話題的人氣商品，以及受當地人喜愛的傳統老店甜點，更有那些收到會讓人驚艷不已的逸品。對於計畫前往日本旅遊的朋友，希望這篇介紹能幫助你們省去選購伴手禮的煩惱！

東京車站必買伴手禮

三款奢華餅乾讓人愛不釋口

楓糖奶油夾心餅乾

東京車站的伴手禮非常精彩，相信不論各國的觀光客或是日本本地的遊客們穿梭其中一定會大包小包買不完。特別介紹三款我們家很喜歡的伴手禮，每次到東京車站買來送人時，也會順便買一份回家品嘗。這三款伴手禮分別是東京人氣代表品牌 THE MAPLE MANIA、PRESS BUTTER SAND 以及 N.Y.C. SAND。儘管現在這些品牌已經在其他地方也有販售，但它們最初從東京車站闖出名氣，擁有獨特的限定特色，因此別具象徵意義。

THE MAPLE MANIA

百變楓糖滋味

經常入圍東京車站最佳伴手禮的 THE MAPLE MANIA，位於東京車站地下一樓的 GRANSTA グランスタ，其最有人氣的商品就是楓糖奶油夾心餅乾。使用高品質的楓糖及奶油奢華製造而成，濃厚迷人的楓糖風味讓人一吃難忘，就猶如包裝上可愛活潑的小男孩一樣令人印象深刻。奶油味濃厚的餅乾裡夾著一層芳醇的楓糖奶油，綿密細緻甜而不膩，和奶油餅乾絕妙地融合在一起非常 Match，加上可愛迷人的包裝，最適合拿來當伴手禮送給親朋好友了。

除了楓糖奶油餅乾外，店裡的楓糖費南雪也是人氣十足，外層烤得香

費南雪

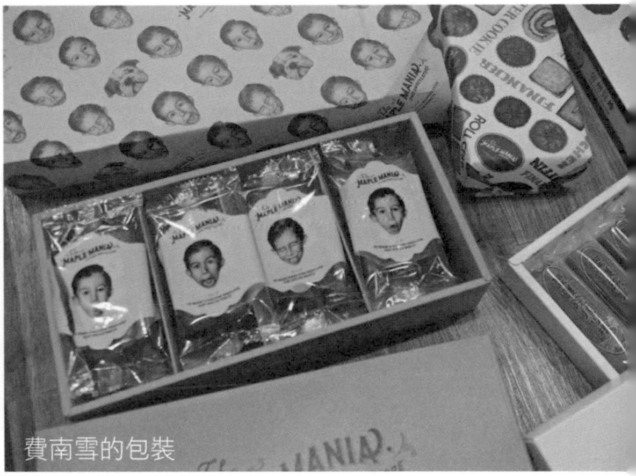
費南雪的包裝

香酥酥，裡面卻紮實細膩。楓糖味香濃撲鼻的這款燒烤菓子，包裝上也有小男孩不同表情生動活潑的圖案，許多旅客會搭配楓糖奶油餅乾一起購買。

另外楓糖奶油夾心酥派是楓糖奶油夾心餅乾的派餅版，在北海道新鮮奶油裡面慢慢加入楓糖漿攪拌均勻做出的楓糖奶油是 THE MAPLE MANIA 最受歡迎的地方，這次將楓糖奶油用酥酥脆脆的派餅上下夾起來，吃進嘴裡滿滿的楓糖味由深漸廣，吃完後還口齒留香餘味猶存。包裝是東京車站的紅色磚瓦色彩，而且男孩與狗都戴著站長的帽子，增添了不少東京車站的元素，有一種東京必買伴手禮的強勢感！

各店鋪也有不一樣的限定商品，例如在羽田機場看到的楓糖奶油夾心蛋糕卷，是經典楓糖奶油夾心餅乾的蛋糕版。在綿密細緻的蛋糕質地中吃得到濃厚的楓糖奶油夾心風味，又是不一樣的味覺享受，限定果然是個狠腳色，往往讓人招架不住。

楓糖奶油夾心酥派

THE MAPLE MANIA

- 東京都千代田区丸之内 1 丁目 9-1JR 東日本東京駅構内地下 1 樓
- 週一～六、國定假日 8:00 ～ 22:00（週日和連休的最後一天 8:00 ～ 21:00）
- http://themaplemania.jp/

PRESS BUTTER SAND
香濃夾心厚片酥脆

PRESS BUTTER SAND

二〇一七年四月在東京車站丸之內開幕的 PRESS BUTTER SAND，馬上成為東京車站裡最受注目的伴手禮。他們的奶油三明治餅乾是最主要的看板商品，採用北海道產小麥粉和上質奶油與焦糖奶油的組合，只要吃上一口絕對會被其奢華夢幻的美味所魅惑的。

PRESS BUTTER SAND 的奶油焦糖夾心餅乾之所以令人驚艷無比，首先是他們讓人印象深刻的厚片餅乾，採用北海道獨特嚴選出來的小麥粉將餅乾的質地引導出最優秀的風味。接著使用壓縮式的燒烤方式將餅乾麵糊一片一片地壓出紮實厚重的口感，細心地燒烤出酥脆卻厚實的特色，與一般餅乾有很大的不同，而且連每塊餅乾表面都烙印上自家品牌的圖騰，美感十足。

另外，最令人念念不忘的是，PRESS BUTTER SAND裡面夾著兩層驚人美味的夾心，是奶油和焦糖的雙重奏。採用北海道新鮮奶油製作出來的奶油夾心香醇濃厚卻入口即化，後勁輕盈爽口卻口齒留香。接著與奶油夾心相合性頗高的焦糖奶油將醇美的奶油風味帶往另一個甜美濃郁的層次，兩者都沒有使用多餘的調味，強調本身美好的材質就可以凸顯出完美的滋味。第一口可以品嘗到紮實的餅乾帶來的獨特口感，再吃一口可以感受到香濃的奶油在口中擴散開來，緊接著是焦糖的香味帶出加深印象的作用，一口接著一口意猶未盡。

PRESS BUTTER SAND近來開始擴展其他店鋪也推出了許多新的口味，例如博多甘王草莓奶油夾心、栗子奶油夾心、宇治抹茶奶油夾心、金柑巧克力夾心、瀨戶檸檬奶油夾心和紅豆奶油夾心等。以上口味有的是店鋪限定，有的則是期間限定，有機會經過的朋友們，不妨來品嘗一下這款東京人氣話題甜點，PRESS BUTTER SAND的自信之作。

PRESS BUTTER SAND

東京都千代田区丸之内 1-9-1 JR 東日本東京駅構内新幹線南乘換口前 HANAGATAYA 東京店内

6:30 ～ 21:30

https://buttersand.com/

N.Y.C. SAND 紐約焦糖三明治餅乾
經典再升級嘗得到細緻與華麗

N.Y.C. SAND紐約焦糖三明治餅乾，嚴格來說不算在東京車站內，是位在東京車站旁邊直接連結的大丸百貨公司中。常見長長的人龍排隊等候，成為許多日本人夢寐以求的甜點。這款甜點如同明星般擄獲了不少消費者的心，自從紐約進駐東京以後，立即成為東京時尚甜點的代表。旗下經典招牌的焦糖三明治餅乾(CARAMEL)，奶油餅乾夾著入口即化的巧克力奶油和焦糖夾心，焦糖夾心採用黑糖和鮮奶油緩慢燉煮而成，融合在一起，展現出完美平衡的口感，讓人印象深刻。

N.Y.C. SAND的另一個奢華版——

SCOTCH & WCHOCOLATE，只有在東京大丸百貨裡才買得到，在本來經典基本的 SCOTCH 太妃糖夾心餅乾外面再包上濃厚香醇的巧克力，夾心中還品嘗得到細緻的杏仁果顆粒，由帶點苦澀大人風味的黑巧克力和柔和甜美的牛奶巧克力雙重組合下，將整個夾心餅乾襯托得更出色迷人。這種層層豐富的口感變化與不同風情的滋味，非常適合閉上眼睛細細品味。

喜歡濃厚奶油香氣與甜美的楓糖可以選擇「THE MAPLE MANIA」的楓糖奶油餅乾；比較偏愛口感紮實但後勁輕盈爽口的人可以試試「PRESS BUTTER SAND」的焦糖奶油三明治餅乾；N.Y.C. SAND 的巧克力太妃糖三明治餅乾適合喜愛豐富口感與奢華度滿滿的甜食愛好者。

最後要多介紹一個最近非常火熱、經常在上半天就接近完賣的超人氣商品「NEW YORK PERECT CHEESE」起司奶油夾心捲，在東京車站八重洲南口和丸之內南口相聯結南通道上，對面就是本篇介紹的 PRESS BUTTER SAND。由三位在國際間活躍的起司達人與甜點專家監修而成，據說是起司愛好者的夢幻逸品，吃得到多種起司結合在一起的絕妙合奏，建議上午來買比較有機會入手喔。

奢華版 SCOTCH & WCHOCOLATE

N.Y.C. SAND

東京都千代田区丸之内 1-9-1
大丸東京店 1F（東京大丸百貨）
10:00 ～ 20:00
https://nycsand.com/

潮流人氣話題伴手禮

讓少女心大爆發的視覺系甜點！

日本話題伴手禮不斷推陳出新，其中不乏讓少女心大爆發的視覺系甜點商品，它們不僅僅有美麗的外表還兼具絕品的滋味，常常在賣場看到絡繹不絕的人潮，尤其是在各大特殊節日更是大排長龍的盛況。我特別挑選了三款東京女孩們搶著購買的人氣話題伴手禮，讓它們來擄獲送禮與受禮之人的少女心吧！

人氣草莓巧克力「AUDREY」

「AUDREY」是一間以草莓為主角的時尚人氣洋菓子店鋪，據說他們的人氣草莓甜點會在三秒內擄獲你的少女心和味蕾。二〇一四年在橫濱高島屋初登場就吸引了許多消費者，現在在日本橋高島屋、西武池袋、羽田機場和東京車站也可以看到它的蹤跡，是一款味覺與視覺兼具的夢幻甜點。

ROSE GARDEN

TULIP ROSE

AUDREY

AUDREY 最吸引人的就是嚴選日本各地名門草莓和世界各地美味巧克力結合在一起，交織成各種鮮奶油草莓巧克力 AUDREY 系列，其中 RONCHANTY 是最有人氣的定番招牌。在一層薄薄的巧克力裡面包著滿滿的鮮奶油和一顆甜美的新鮮草莓，草莓種類經常不太一樣，會在店內的告示牌上說明。靜岡縣的紅ほっぺ、愛知縣的章姬、長野縣的

AUDREY

AUDREY

信大BS819、福岡的甘王等各具特色，讓人有不同相遇的樂趣。另外還有白巧克力與其他造型的選擇，也可以依照個人喜愛組合出自己的禮盒內容，看看那夢幻的橫切面，還沒吃進嘴裡心已完全被擄獲了！

接著一粒粒巧克力中擁抱著一顆顆鮮美的草莓，又是另一個讓人少女心爆發的甜點，一口咬開巧克力時，在嘴裡共舞的是鮮嫩多汁的草莓生鮮果肉，還真是別有滋味。AUDREY嚴選出來的日本各地新鮮草莓和世界各地知名巧克力，果然激盪出甜點的新境界！以上這兩款甜點由於新鮮奶油和草莓的關係賞味期限不長，建議當天吃完最鮮美，算是買來珍愛自己的伴手禮。如果要帶回台灣當伴手禮的話可以選購他們其它超級可愛的各種餅乾，另外各店鋪也有自己的限定商品，例如只有在東京車站才買得到的東京限定罐，裡面有牛奶和巧克力口味的GLACIA，是一種法式可麗餅人氣洋果子，裡面包著甜美奶油和乾燥草莓，任誰拿到都會眼睛一亮的。

AUDREY

AUDREY

東京都千代田区丸之内 1-9-1 JR 東京駅 GRANSTA
8:00 ～ 22:00
週日及連休日最後一天 8:00 ～ 21:00
http://www.plaisir-inc.co.jp/

夢幻絕美甜點 Tartine

和「AUDREY」隸屬於同一家公司的「Tartine」，最早是在二〇一八年西洋情人節首度以期間限定登場亮相，當時一出現就擄獲許多少女心而話題沸騰不斷，造成商品被搶購一空的盛況。不論在包裝設計和商品種類上都吸睛力十足外，最讓人紛紛讚賞的是絕美的外觀與味覺享受。現在令人開心的是，這款女孩們搶著入手的夢幻絕色甜點，終於在東武百貨店池袋本店成為常態店鋪了。

最引人注目的商品是一款慶祝開幕紀念的花瓣餅乾，有草莓和焦糖兩種口味。由花瓣造型的餅乾一片一片組合而成，中間還有奶油與乾燥草莓營造出奪目吸睛的效果。焦糖口味則是有焦糖奶油和杏仁果的點綴，無論哪一種都有令人稱讚不已的滋味。

另一款人氣商品是焦糖與堅果的雙重奏甜點「森林裡的焦糖」，由一片香濃的奶油餅乾圍成花束狀，裡面包有柔軟細緻的焦糖奶油與各種香味迷人的堅果們。吃進嘴裡後發現，甜美的焦糖奶油與各種堅果之間有一種濃情密意的相合度，一起共譜出令人著迷的雙重奏，讓人一吃味蕾們都歡愉起來了。

如果被 Tartine 華麗多樣的甜點所魅惑而陷入無法選擇的狀態，建議可以購入一款女孩們搶著要的數量限定夢幻鐵罐，裏面裝滿各式各樣的人氣商品，這樣就不用煩惱了。鐵罐的設計又是一大亮點，大大的可愛花朵中間有不同人物的登場，襯著女孩們喜愛的粉紅色系讓人愛不釋手。重點是以上介紹的數種必買話題甜點、造型可愛討喜的小熊巧克力餅乾和草莓白巧克力球通通集結在裏面，絕對是犒賞自己或送閨蜜們的最佳閃亮禮物。

Tartine

東武百貨店池袋本店地下 1 樓
（東京都豊島区西池袋 1 丁目 1-25）

10:00 ～ 20:00

https://tabelog.com/tokyo/A1305/A130501/13230524/

鬱金香玫瑰餅乾「TULIP ROSE」

由法國學成歸國的氣質師匠今井理仁設計打造的話題精緻甜點，從每一朵鬱金香玫瑰餅乾的構造就可以感受到大師的細膩與熱情，吃進嘴裡更可以體會出背後的執著與費心。若不是有一份不一樣的創造力與做到極致的堅持，這麼纖細美味的甜點是做不出來的。相信拿到這個伴手禮的人也會感受到送禮之人濃濃的情意，這就是「TULIP ROSE」登場的初心，用這朵花傳達一份幸福感到每一個人的手上！目前在西武池袋、東京車站和羽田機場第二航站等可以買得到。

TULIP ROSE 主要有三種口味，莓果、百香果芒果和焦糖堅果，在每一朵小小的鬱金香玫瑰裡有著精心設計的構造，讓饕客的味蕾可以享受至福的愉悅，可以說是一個味覺和視覺的藝術品。在香濃酥脆的花瓣餅乾包圍下是今井師傅自豪的各種口味奶油，吃進嘴裡入口即化卻韻味無窮，其輕盈的質地與內斂的滋味讓人重新認識了奶油的定義。細緻奶油的底下還有一層派餅，最後上面撒上各種冷凍乾燥水果粒與堅果碎片，不僅豐富了口味的層次也具有畫龍點睛的效果。除了上述的三種定番口味外，愈來愈多新創意和期間限定口味也慢慢登場了。

另外「ROSE GARDEN」是他們的新作，有黑醋栗香草和小豆蔻檸檬兩種口味，在米果巧克力塔上鑲上這兩種口味的玫瑰花瓣，花瓣的中間依然是今井師傅拿手的細緻奶油，每一朵都是將熱愛做到極致的職人精神展現。如果想要品嘗他們全部商品，建議可以購買 TULIP ROSE COLLECTION，這樣一盒裡面像花團錦簇般多采多姿，讓收到的人宛如收到鮮花一樣心花怒放。

ROSE GARDEN

TULIP ROSE

TULIP ROSE
東京都千代田区丸之內 1-9-1 JR 東京駅 八重洲中央改札内
6:30- 21:30
https://www.tuliprose.jp/

人見人愛的餅乾罐

鐵罐走慢了餅乾的時間

如果你是甜點控，曾經仔細逛過日本的甜點店或烘焙坊，應該會發現他們非常喜歡推出可愛度破表又吸睛的餅乾罐。這些餅乾罐的造型都很具有店家獨特的風格，主題也非常多樣，讓人不由自主地被吸引，停下腳步多看幾眼。

這類餅乾罐的保存期限頗長，很適合帶回台灣慢慢享用，或是當作伴手禮送給親朋好友。由於餅乾罐的外型設計精美，常常讓人捨不得丟棄，也可以留下來當作紀念或收納盒。

深刻體會到餅乾罐在日本

甜點界裡的不敗風潮，因此特別挑選了幾款我家小姑特別喜愛的，它們都是小姑用來準備給閨蜜的好禮物，現在不藏私地跟大家分享希望讓更多的台灣朋友，也能一睹日本餅乾罐凡人無法擋的迷人風采。

火紅人氣造型餅乾「Sable Michelle」

餅乾罐在日本非常多樣，其中一直頗受注目的人氣餅乾罐是位於橫濱高島屋和東京池袋西武百貨地下美食街的造型餅乾「Sable Michelle」，從餅乾的造型到包裝的鐵罐設計都深深吸引著大家的目光。同時，不僅只是外觀吸引人，連吃進嘴裡的滋味都讓人連連稱讚，從一開店就佔領許多美食報導版面。

Voyage」系列的各國特色餅乾罐

草莓鮮奶油蛋糕乾罐

Sable Michelle 最有人氣的商品就是這款讓人一見鍾情的草莓鮮奶油蛋糕系列，不單單外觀看起來像草莓鮮奶油蛋糕般可愛迷人，連味道也是大人小孩都喜愛的草莓鮮奶油蛋糕喔。草莓鮮奶油蛋糕一直是日本最受歡迎的NO.1蛋糕種類，在各種節日的慶祝活動上經常少不了它的蹤跡，也是各大甜點專賣店的主力軍。這款將日本的NO.1蛋糕做成餅乾的模樣簡直就是伴手禮的最佳選擇，重點是整體太有魅力了讓許多人一眼就愛上！

鐵罐上面描繪著許多鮮嫩欲滴的草莓與鮮奶油的圖案，打開罐蓋後，立刻飄出一股濃郁的草莓鮮奶油蛋糕香氣，再一看，餅乾片疊疊而成，形成了一個蛋糕的造型，實在讓人驚喜！最上層的餅乾以白巧克力勾勒出鮮奶油的外觀，再加上一顆乾燥草莓作點綴，完美呈現草莓鮮奶油蛋糕的甜美風情。下方分別是三層不同風味的餅乾，有原味和草莓口味的分層排列。相信無論是收到這份伴手禮的人或者是買來犒賞自己，都會開心不已。

Sable Michelle 另一個火紅商品是他們精緻特別的各國特色餅乾罐「Voyage」，一共有十五個國家和城市。鐵罐的設計充滿各國風情色彩，讓人吃完後根本捨不得丟棄，而且還激起了許多愛好者的收集欲，想把所有的 Voyage 系列收集起來。裡面有兩層餅乾，一層是以各國或各個城市的標誌、地標、特產或文化等特色為造型的餅乾，各有不同的口味。下面一層則是原味的奶油餅乾，此外還放進幾顆色彩繽紛的金平糖，讓整個鐵罐宛如珠寶盒一樣亮麗耀眼，每一個都是個性飽滿的設計。Voyage 餅乾罐帶領大家進入一場有趣的世界之旅，也喚起了許多難忘的旅遊回憶。

明信片系列餅乾

其中受歡迎的幾個國家和城市，例如：夏威夷、巴黎、倫敦……等，上架後總是很快就會賣完，有知名地標巴黎鐵塔、凱旋門、義大利比薩斜塔、東京鐵塔等，都是大家爭相購入的目標，因此建議早一點去購買以免售罄。

巴黎和紐約是兩個以城市取代自己國家的餅乾鐵罐，巴黎的艾菲爾鐵塔和凱旋門讓人一看就想入手；紐約最具代表的自由女神、黃色計程車、漢堡等也做得維妙維肖。瑞士阿爾卑山少女的鐵罐設計讓人印象深刻；新加坡的藍色魚尾獅餅乾非常可愛迷人；充滿雪國聖誕節氣氛的芬蘭罐也讓人好想收集起來！

Sable Michelle
https://www.sable-michelle.com

被賦予意義的餅乾罐

小姑買回來的餅乾罐中，印象令人深刻的還有數量稀少的「GUCCI OSTERIA TOKYO」，這是世界第三間由 GUCCI 策劃的義大利餐廳於銀座登陸時所推出的紀念商品。據說 GUCCI OSTERIA 餅乾罐在佛羅倫斯與洛杉磯比佛利山莊的店面也很受歡迎，但這一次在東京店鋪推出的是不同設計包裝的限定版本，可說是為了紀念東京店開幕而特別製作的，絕對有其獨特的價值。裡面有六種口味的燒烤菓子，柚子風味、黑糖、莓果、義大利杏仁口味的餅乾，以及覆盆子蛋白霜糖與開心果口味的金平糖，可以看得出來是義大利與日本的融合，專門為進出日本而打造的精心策劃。

GUCCI OSTERIA TOKYO

GUCCI OSTERIA

東京都中央区銀座 6-6-12

午餐　週二～週六 11:30 ～ 14:30、週日 11:00 ～ 15:30

晚餐　週二～週日 18:00 ～ 23:00

https://www.gucciosteria.com/ja/tokyo

GUCCI OSTERIA 餅乾罐

其他地區的特色餅乾罐

接著還有位於赤坂的「Zuckerbackerei Kayanuma」，將奧地利宮廷風味濃厚的高質感烘焙文化，通通濃縮在這一款看板人氣商品餅乾罐中，是尋找高級伴手禮的最佳選擇。另外位於神戶市知名的洋菓子店鋪「Maman et Fille」，其經典不敗的法式餅乾罐，看似簡單樸實、其實讓人一吃難忘，完整傳達了Simple Is More的真義，喜歡簡約純粹的人會愛上這一款餅乾罐的。

戴著廚師帽在麵包工廠裡可愛模樣的工廠長系列「COBATO」餅乾罐總是吸引無數人的眼光，不僅鐵罐封面設計生動有趣，餅乾罐中躺著各式餅乾也很有故事感，害我每次都捨不得馬上吃掉。最後一款誕生於岐阜縣惠那之森中的「GIN NO MORI」（銀の森）餅乾罐，打開來會立刻擄獲甜點控們的心，將隱藏在森林中的各種美味食材，以大自然中小森林的方式展現出來，讓大家能夠盡情地用五感來體會，不單單只是味覺的享受而已。

其實還有好多頗具特色的餅乾罐等著大家去挖掘，可見得這一股餅乾罐美食潮流仍在日本持續進化中，相信每個人會有機會與自己一見鍾情的餅乾罐相遇的……。

註：本篇的餅乾罐（盒）是以日文 クッキー缶直譯，故在此統稱為餅乾罐。

工廠長系列 COBATO 餅乾罐

銀の森餅乾罐

小川軒的蘭姆葡萄奶油三明治

甜美風和成熟味你愛哪一種？

小川軒蘭姆葡萄奶油三明治

提到蘭姆葡萄奶油三明治大家可能會先想到北海道六花亭的超人氣經典伴手禮「マルセイバターサンド」，也是我家大塚爺爺愛吃的甜點。但除了六花亭，東京也有好吃如夢幻逸品級的蘭姆葡萄奶油三明治，那就是「小川軒 OGAWAKEN」的「RAISIN WICH」。

這次要介紹的蘭姆葡萄奶油三明治，是在代官山「小川軒」購入的「RAISIN WICH」，為了寫這篇文章在查閱資料的時候發現，這個知名甜點竟然有四種不同的店舖。有位於神奈川縣的「鎌倉 小川軒」以及在東京的「御茶ノ水小川軒」、「巴里小川軒（目黑・新橋）」和「代官山小川軒」，原來他們都是同出於一個體系的親戚關係。但因為包裝和名稱都不太一樣，所以買到不同店家的人有可能會以為自己買錯而感到困惑。

鎌倉溫和東京成熟，對美味的堅持有志一同

根據日本網路上的意見，鎌倉小川軒的蘭姆葡萄奶油三明治口味比較溫和樸實，其他三間的滋味和口感走的是成熟風味。此外，位在東京的三間小川軒的蘭姆葡萄奶油三明治，使用的是餅乾；而鎌倉小川軒則是用法式酥餅 sablé。所以我擅自做一個結論，如果喜歡溫和甜美風

味的，建議可以買大人小孩都愛的鎌倉小川軒，如果喜歡成熟風味的奢華高級感，那麼可以試試這三家東京小川軒的蘭姆葡萄奶油三明治。

代官山小川軒是家族體系中的長男所經營的店鋪。許多顧客對於他們家蘭姆葡萄奶油餅乾都給予很高的評價。主要是濃郁的奶油和口感紮實的餅乾，再加上美味的蘭姆葡萄，搭配出的口感平衡度十分出色。因此，代官山小川軒常常在營業時間結束前就售罄了。這款餅乾有一盒十個或二十個包裝可以選擇，可說是送禮自用兩相宜。建議想入手的朋友們早一點到店裡購買囉。

前身是西洋料理店的代官山 小川軒，是一九〇五年在東京汐留以「橫浜洋食」聞名的人氣美食，在第二代傳承後開始走向專業的法式料理，可說是一間百年老店喔。一九六四年轉移到代官山時奠定了現在小川軒的品牌，其中以藤原牛排、小皿料理和蘭姆葡萄奶油三明治「RAISIN WICH」最為人所知。因為是專業的法式餐廳，所以製作出來的 RAISIN WICH 精緻高雅，絕對是一款讓人滿意的美味逸品。

甚至有饕客評價他們的蘭姆葡萄奶油三明治是夜晚晚酌時的最佳飲酒伴侶，一邊喝威士忌一邊就會想到它；此外也是結婚新人在準備回禮時的人氣選擇。建議可以來這裡吃一頓美味的法式料理，再帶一盒奢

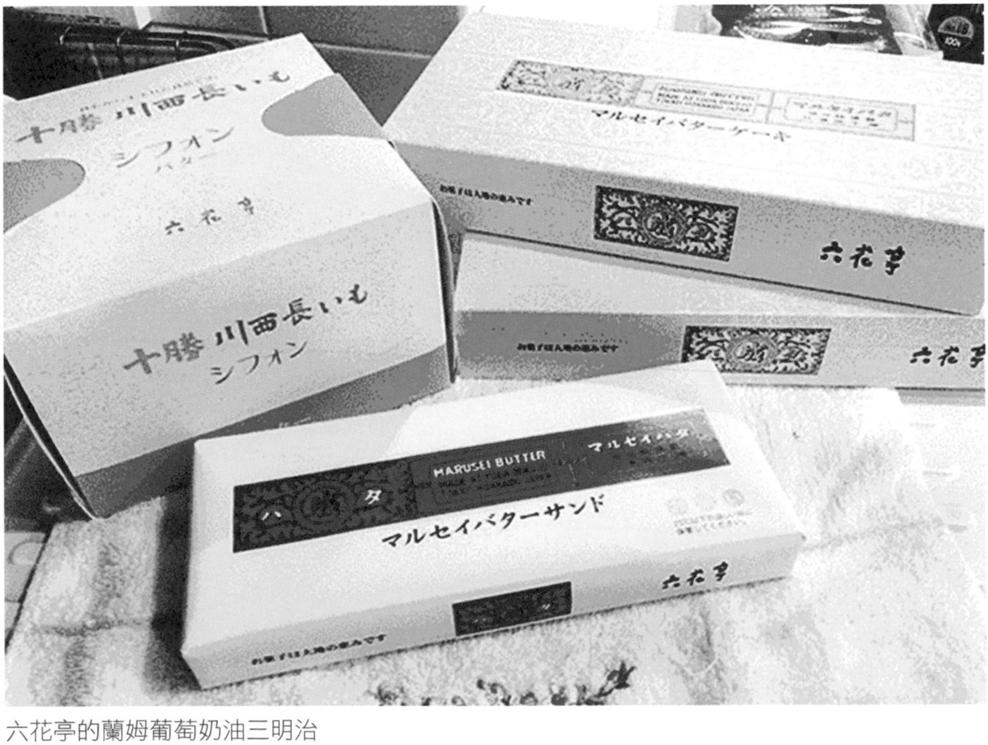

六花亭的蘭姆葡萄奶油三明治

華高級的 RAISIN WICH 當伴手禮，相信會是個很棒的美食行程。

此外，喜歡蘭姆葡萄奶油三明治的朋友們，如果有機會的話也可以將四間小川軒的 RAISIN WICH 品嘗一遍，找出自己最鍾愛的那一家囉！

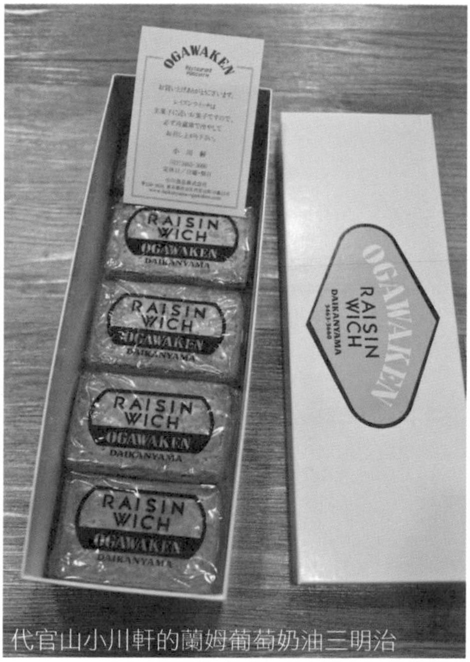

代官山小川軒的蘭姆葡萄奶油三明治

代官山小川軒

東京都澀谷区代官山町 10-13

午餐 12:00 ～ 14:00，晚餐 17:30 ～ 21:00 烘焙 10:00 ～ 18:00

http://daikanyama-ogawaken.com/

大塚太太的私房話

小川軒 vs. 六花亭的美味比評

大家可能會想知道，小川軒和六花亭蘭姆葡萄奶油三明治，哪一個比較美味呢？在價格上來說，六花亭和代官山 小川軒的蘭姆葡萄奶油三明治差不多，尺寸上代官山 小川軒的比較大，感覺吃一個可以讓人有相當的滿足感。在口味上各有風味、各具特色，其中最大的不同在於，六花亭的餅乾比較鬆軟富有濃厚的奶油香氣，小川軒的餅乾則是屬於紮實厚重的口感，吃起來酥脆中帶有咬勁，搭配裡面滿滿的蘭姆葡萄奶油，在比例上處理得恰到好處。至於哪一個吃起來比較好吃？就要看個人喜好了，但不可置疑的是兩者都具有必買伴手禮的魅力，足以作為北海道和東京的代表。

六花亭的蘭姆葡萄奶油三明治

代官山小川軒的蘭姆葡萄奶油三明治

艾許奶油 ÉCHIRÉ

法國高級奶油變身
超人氣甜點麵包坊！

「ECHIRE」燒烤菓子

「艾許奶油（ÉCHIRÉ）」）是法國知名的高級發酵奶油，有著悠久傳統歷史，不僅在一九〇〇年的巴黎萬國博覽會中榮獲一等賞，此後也陸續獲得各國萬博的肯定，更有歐盟制定以保護土地傳統農產品為目的商品認證 A.O.P 的認證，具有高品質的保證。

「ÉCHIRÉ」原是法國中西部面臨大西洋的一個小農村，這裡出產的酪農牛乳所製造出來的發酵奶油，堅守著傳統手法與土地保育原則，深受餐飲專業人員與各國人士所喜愛，相信台灣民眾對它也不陌生。而法國人氣奶油來到日本後，在日本人行銷手法包裝下，竟然變身為天天大排長龍的烘焙甜點麵包坊！

Galette 和 Sable 必買的鐵盒餅乾！

目前全日本只有數間 ÉCHIRÉ 直營專賣店，東京的分別在丸之內、澀谷、新宿、池袋，另外在橫濱、名古屋和大阪也有。記得剛開始東京只有一間店鋪的時候，每天幾乎一早就大排長龍，有一年我趁著新年東京人返鄉過年時，特地跑去看看，心想是否比較容易買到平時快售罄的商品；結果，還是排了一個多小時才買到。現在店鋪增加了，排隊人潮也沒有像當初這麼可怕，但旗下的人氣商品依然人氣不減！

最適合拿來當伴手禮的是他們的超人氣艾許奶油餅乾，採用百分支百艾許奶油製作的這兩款餅乾 Galette 和 Sable 都是非常受歡迎的招牌商品。

可頌麵包

「ÉCHIRÉ」大型瑪德蓮和艾許蛋糕

白色鐵盒 Sable 的樸實口味主要讓消費者可以純粹享受艾許奶油帶來的高質感與芳香，一大片紮實的餅乾上方烙印著艾許奶油的名號與乳牛模樣，深深打動著艾許奶油熱愛者的心。藍色鐵盒裡的 Galette 則是利用特殊的燒烤技術呈現出奶油本身入口即融的口感，將第一次燒烤融化出來的奶油再度揉進餅乾麵糊中，讓艾許奶油的香氣發揮到最高點。

「ÉCHIRÉ」專賣店裡還可以看到許多令人垂涎三尺的麵包，其中用滿滿的艾許奶油製作出來的世界美味級可頌麵包最有人氣，幾乎每天開門沒多久就賣光光了。可頌分為有鹽和無鹽兩種選擇，無論哪一種都可以充分享受到芳香濃郁的奶油香氣。買回家後再放到烤箱裡烤一下，當奶油稍微融化時的狀態最美味，讓人一吃充滿幸福感！另外還有巧克力內餡的可頌麵包，多了巧克力的點綴也別有一番風味。

對艾許奶油的狂熱，享受口腹之福的必嘗蛋糕！

店裡有兩款傳說中讓人願意排到天荒地老的夢幻蛋糕，我們家小姑曾經為了吃到這兩款數量限定蛋糕，在店家開門之前就跑去排隊，終於買到了每天數量限定的艾許蛋糕（Gateaux Échiré）和一個人只能買一個的大型瑪德蓮蛋糕（Madeleine）。這種吃貨只要想吃，根本不在乎等到天荒地老的精神太讓我敬佩了，托小姑的福讓我也能品嘗到這辛苦換來的美味，真是心存感謝！

這款艾許蛋糕（Gateaux Échiré）的外型根本就是艾許奶油的分身，可見得其強調代表作的濃厚宣示意味。百分百極盡奢華使用純艾許奶油製作而成的奶油夾心與五層用洋酒浸漬過散發濃郁香氣的餅乾結合在一起，層層互相襯托出對方的美味，最後再用厚實芳醇的艾許奶油包裹起來，把店裡最華麗、最深刻的美味全部擁抱在艾許奶油的懷裡。要品嘗到這一味果然得先經過長時間等待的磨練，至於這一切值不值得，可就見仁見智囉。

超大型瑪德蓮蛋糕也是採用百分百艾許奶油燒烤而成，外層烤得酥脆帶點焦香，裡面紮實的蛋糕裡層緊密又結實，吃進嘴裡濃郁的奶油香氣馬上擴散在口中，吃完之後讓人再三回味念念不忘。如果買不到這款大型的瑪德蓮蛋糕也沒關係，店裡也有普通小尺寸、數量較多的瑪德蓮蛋糕，另外他們屬同性質燒烤菓子的費南雪也很吸引人喔。

入口即化的生焦糖和艾許奶油棉花糖都是店裡的精心之作，當然招牌的經典艾許奶油是絕對不能錯過的，進來店裡真讓人沉醉其中、流連忘返。不可否認日本將法國登陸的「艾許奶油 ÉCHIRÉ」經營得多采多姿、運用手法更廣泛了。據說每個店鋪還會推出自己的限定商品，在本書的新宿伊勢丹地下美食篇文章裡，介紹名列前茅的人氣商品艾許奶油三明治餅乾，就是新宿店的限定商品，日本商人太會經營了！

艾許蛋糕

ÉCHIRÉ 燒烤菓子禮盒

Sable 餅乾

ÉCHIRÉ 的包裝盒

ÉCHIRÉ 的招牌

店內櫃台

排隊人潮

ÉCHIRÉ 奶油

東京丸之內店鋪
東京都千代田区丸之内 2-6-1 丸の内ブリックスクエア（パークビル）1F
10：00～20：00
http://www.kataoka.com/echire/

鎌倉「半月」人氣奶油夾心薄餅

超脆餅皮與柔順夾心，就是美味的秘訣

源自於花與文字爭豔的古都鎌倉的「半月」，是一款奶油夾心薄餅，相信吃過的人會立刻了解它為什麼這麼受歡迎了。它是由位於鶴岡八幡宮旁熱鬧的「鎌倉小町通」上的「鎌倉五郎本店」所推出的，深受當地居民和遊客喜愛。經過長時間的口碑積累和傳播，半月現在已成為許多人在東京和鎌倉旅遊時必買的伴手禮之一。

此外，半月還會因應時節推出不同的限定口味，以滿足顧客的不同需求。尤其是在櫻花盛開的季節，所推出應景的櫻花口味，不僅包裝精美，風味也十分迷人，讓人不禁為之讚嘆。

除了本店在鎌倉外，東京大丸、東京車站、西武池袋、東京阿佐ヶ谷、東京都町田市、神奈川縣川崎市和羽田機場等都有他們的店鋪。我們家回台灣的伴手禮中經常有它出現，收到的親朋好友都連連稱讚，是個送禮和收禮者都滿意的人氣伴手禮。

抹茶和小倉紅豆的經典美味

鎌倉銘菓「半月」的招牌商標最為人所知的就是，一隻小兔子在彎彎

的月亮上或坐或臥的可愛模樣，連夾心薄餅的形狀都是半圓的月亮造型，上面還有兔子的浮刻印記。吃起來清脆無比的薄餅裡面夾著各種口味的奶油夾心，薄薄的脆餅與清爽不甜膩的夾心之間有著美味的黃金比例，入口的柔潤質感讓人意猶未盡！最令人讚賞的是外餅脆得不得了的口感，忍不住一口接著一口欲罷不能！

抹茶和小倉紅豆是半月的經典口味，清香高雅的抹茶奶油與甜美內斂的紅豆奶油，這兩種夾心走的都是上品高雅的路線。吃在嘴裡非常柔和，雖然不是屬於讓人一吃就驚豔的滋味，相反地卻有一種細水長流、內斂淡雅的風韻留在心中，會想再度購買來品嘗。薄餅也是燒烤成抹茶和小倉紅豆兩種風味，呈現出淡淡的抹茶綠與小倉紅，有六枚與十枚口味各半的包裝，自己享用或拿來送人都非常合適。

我個人非常喜歡的是他們的季節限定芝麻口味，嚴選白、黑和金三種芝麻燒烤而成的脆薄餅吃起來特別地濃厚香醇，每一口都可以吃到芝麻顆粒在嘴裡跳動的口感與香氣。裡面的奶油夾心是用黑糖做成的，剛好可以將芝麻的美味襯托得更加出色。除了單獨芝麻口味的包裝之外也有和抹茶、小倉紅豆組合在一起的三種綜合口味，尺寸有十枚至四十八枚多種選擇，一次可以享受到美味的三重奏是非常有人氣的禮盒。

春季限定櫻花口味

季節限定與滿月新品，探索「半月」的多變風味

要特別介紹的是春季限定的櫻花口味，從外面的包裝紙到裡面的各別包裝都充滿粉紅櫻花的浪漫風情，帶到外面野餐賞櫻，或是買回台灣當伴手禮都彷若送上春天一般令人愉悅。將櫻花用梅醋醃漬後再用熱水泡出淡淡香氣的櫻花茶，以此做出來的櫻花風味奶油，高雅清香一點也不突兀，跟一般醃漬櫻花鹽味過重的甜點很不一樣，秉持著「半月」的經典柔和風韻，只有這個季節才吃得到喔！

此外，夏季限定的白桃和花生口味、秋冬限定的柚子口味和新年期間限定的「栗きんとん」（栗金團）口味，每年都讓人非常期待，一年四季的風情萬種在半月的各種季節限定中都能感受得到，難怪人氣不減、歷久彌新。

記得以前在羽田機場推出過一款空港限定的焦糖口味，連外盒的包裝紙都很特別，同樣清脆無比的脆薄餅是焦糖與杏仁果碎片的融合生地燒烤而成的，香氣十足的堅果香氣中飄散著甜中帶點微苦的焦糖滋味，吃起來讓人印象深刻。裡面夾的是甜美香醇的焦糖奶油，喜歡焦糖的朋友們一定會愛上「半月」的焦糖限定口味與酥脆香濃的口感，希望有機會可以看到這款限定口味再度復出。

最後要介紹的是半月的新商品「滿月」，將半月經典的半月形脆薄餅做成滿月的圓形模樣，裡面夾著紮實的厚片巧克力，香濃的巧克力裡還融合了滿滿的杏仁粒。讓原本酥脆雅致的鎌倉半月增添了幾分華麗的巧克力風味，建議可以搭配各種口味的半月脆薄餅，將半月和滿月結合在一起相信會很有意思的。

位於鎌倉的「鎌倉五郎本店」還有其他美味的和菓子，如櫻餅、麻糬糰子、日式風味的蒙布朗蛋糕「小波」等都別具特色，有機會來本店的話也可以一起購入搭配享用。

鎌倉五郎本店

神奈川県鎌倉市小町 2-9-2

10：00～18：00

https://www.kamakuragoro.co.jp/index.html

英國經典奶油老鋪「Rodda's」

司康與凝縮奶油的不敗雙重奏！

英國奶油老鋪「Rodda's」

英國下午茶中的經典組合當屬司康、凝縮奶油（Clotted Cream）和果醬三大必備元素。而世界知名的凝縮奶油生產商「Rodda's」，在二〇一九年終於首次進駐銀座的三越百貨。對於日本人來說是難得「世界初」級夢幻體驗，這個難以入手的經典傳統品牌奶油終於可以在東京相遇，讓絕品司康與凝縮奶油（Clotted Cream）的不敗組合在身旁重現。來東京旅遊的台灣旅客也可以近距離享用得到，同時體驗英國老店鋪在日本人的包裝下，可以玩出什麼花樣來。

綿密柔滑、濃郁芳香，專為司康而生的奶油

凝縮奶油是一種濃郁的鮮奶油凝塊，以蒸汽或水浴法間接加熱全脂牛奶，再置於淺盤裡等待它慢慢冷卻。此時生乳中的乳脂會浮到表層凝結成塊，是英式奶油的代表，也是英式下午茶不可或缺的元素。雖然凝縮奶油最早的起源已不可考，但現今大家提到這款奶油就會想到它位於英國西南康沃爾郡和德文郡的主要製造地，其中最大的生產商就是位於康沃爾郡雷德路斯的「Rodda's」。康沃爾凝縮奶油還在一九九八年獲得歐盟管理局的國家保護來源地區ＰＤＯ認證，除非停產或產品脂肪量低於百分之五十五，否則這個認證是永遠有效的。

司康與凝縮奶油

各種口味的司康

康沃爾凝縮奶油在歷史上留下了美味的傳奇。自一八九〇年創業以來Rodda's一直是世界上知名的乳製品業者，以當地新鮮鮮乳製作出的康沃爾凝縮奶油，經由低溫烘烤的特殊製程呈現出香濃滑順且綿密柔和的口感。凝結在奶油表面的黃色奶脂薄膜是其最大特色，主要的作用像蓋子一樣可以保護好凝縮奶油，本身如稠絲般的滑嫩口感以及濃郁芳香的奶油風味。一入口馬上可以感受到是其他奶油無法營造的獨特滋味，結合濃厚與柔美、香醇與高雅，可說是一款專門為司康活出自己精彩度的奶油，為了讓司康更美味而存在，難怪其他奶油根本無法取代它的地位。

出類拔萃的滋味與口感

既然有為了讓司康更美味而存在的凝縮奶油，那麼就一定有與之匹配的絕品司康。Rodda's的司康採用法國產數種香氣純粹的小麥粉混合而成，加入高級奶油、優格和自家製的康沃爾凝縮奶油慢慢燒烤而成。

背負著有百年以上歷史並持續傳承下去的名字，為了不辜負傳統英式下午茶的美味文化，Rodda's的司康有著出類拔萃的滋味與口感。主要的口味有原味、伯爵茶與檸檬、楓糖堅果、雙重葡萄，各具風味、各有特色，此外每個月還會有獨特的限定口味登場，就算經常拜訪也會有不同的驚喜。

司康總是給人一種乾燥稍硬的印象，其實有其美味的建議吃法，買回家後先將司康從中間橫切成兩半，放進烤箱中烤兩至三分鐘，塗上一層凝縮奶油再塗一層果醬就很完美了。此時烤過後的司康外面酥脆帶點微微的焦香，裡面則溫熱柔軟，是屬於紮實緊緻有厚實感的甜點。

銀座Rodda's店鋪還可以買得到自家製的各種風味果醬，增添了肉桂香和凝縮奶油的草莓果醬、清爽淡雅的檸檬凝乳果醬、三種種類厚切片香橙果醬等都很吸引人。另外美味可口的餅乾和燒烤甜點也標榜使用店裡自豪的凝縮奶油製作而成，讓人每一種都想買來細細品嘗一番。Rodda's的司康和凝縮奶油因為期限較短，建議在日本享用剛剛好，若要帶回台灣當伴手禮的話以餅乾罐為佳。充滿凝縮奶油風味的厚片餅乾將英國經典的凝縮奶油韻味展露無疑，加上Rodda's高雅的經典標誌包裝，相信任誰拿到都會大大驚喜的。

大塚太太的私房話

在司康上面塗上的各式果醬雖然是增加甜美度的加分元素，但我最喜歡的是當凝縮奶油遇到微熱而呈現半融化狀態滲透到司康裡的時候。此時奶油的香氣與油脂將司康的口感潤澤不少，在嘴裡共譜出一種兩小無猜、你儂我儂的高度契合感，難怪凝縮奶油被說是為了司康而存在的，兩者缺一不可！再搭配一杯熱奶茶或拿鐵咖啡更完美。

Rodda' s

東京都中央区銀座 4-6-16 銀座三越地下 2 樓

10:00 ～ 20:00

https://tabelog.com/tokyo/A1301/A130101/13238235/

日本茶專賣店「OHASHI」

結合歐系風情的日茶新風貌

東京的中野一帶近年來備受觀光客注目，其以中野太陽廣場、太陽購物中心、中野百老匯和商店街等地為主的繁華區，是人氣的逛街購物和美食尋訪之地。在這個充滿地方風情的街道裡，卻有一間歐式風格濃厚的時尚店鋪，從中野車站走來大約兩分鐘的路程。再仔細一看，會發現原來是一間日本茶專賣店，連店名「OHASHI」都是和風味十足的發音（オオハシ）。這家店充滿著歐式風格的裝潢總是吸引著路人的目光，讓人們不禁想進去一探究竟，到底是賣什麼的呢？

新時尚茶風，西洋風味與日本茶的完美融合

OHASHI 是一間洋溢著歐式風情的日本茶專賣店，一進入店內就彷彿穿越到了歐洲，店內的裝潢和擺設讓人驚嘆聲連連。無論是小物、雜貨還是各種商品包裝，都散發著優雅浪漫的歐洲風味，光是欣賞店裡的陳列和商品外觀就是一件令人賞心悅目的事。OHASHI 巧妙地用西洋風味來包裝日本傳統茶葉，成功地打進年輕族群市場，讓人重新發現日本茶的魅力，並打破日本茶古板與老成的印象。若你想探索不一樣的日本茶文化，OHASHI 是你不能錯過的好去處。

或許一開始只是被 OHASHI 的包裝

手法所吸引，但進到店裡卻發現有許多豐富又有趣的日本茶。看著一盒一盒好像裝著餅乾或巧克力的時尚方盒，各種獨特的設計花樣，讓人很難相信裡面裝的是日本茶葉。但也千萬別小看了日本茶，你以為日本茶不就是那些綠茶、抹茶、焙茶、玄米茶、黑豆茶等之類的嗎？來到 OHASHI 絕對顛覆你對日本茶的刻板印象，這裡除了傳統的茶款之外，還獨創了很多特殊的口味，像是黑豆巧克力焙茶、黑豆巧克力抹茶、焦糖焙茶、生薑焙茶、柚子焙茶、蜜柑綠茶、草莓綠茶等，將日本茶注入了一些新元素，增加不少趣味與吸引力。

個性感十足的包裝盒是 OHASHI 最吸引人的地方，一個個長方形的盒子有不同的花樣變化，每一種模樣都充滿精緻細膩的設計感。此外上面書寫的不是該有的日文而是時尚味十足的英文與法文文體，雖然裡面裝的是日本茶，這種反差感著實令人感到有趣。在開口的地方附上一顆鈕扣，將纏繞在鈕扣上面的繩子繞開後就可以像抽屜一樣地拉開來，整個開箱的過程在小心翼翼中有一種期待又興奮的感覺，是不是很適合當伴手禮買來送人呢？相信拿到的人會驚喜連連的，連送禮的人自己都好想收藏啊！

各種創意茶商品組合，讓你體驗另類購茶樂趣

日本的另一種傳統飲品「葛湯」也可以在店裡找到許多口味，或許大家對它並不是很熟悉，但我自己喝過後覺得葛湯頗為特別又具養生的功能，因此建議大家有機會不妨也品嘗看看。濃稠溫潤的葛湯是一種用葛屬植物根部提取出來的澱粉所做成的飲品，有點像勾芡過的甜湯，白桃、蜜柑、柚子、木莓、栗子、洋梨、抹茶等都是人氣口味。他們家栗子口味的葛湯裡面還可以吃到小小顆粒的栗子，在寒冷的天氣裡泡一杯熱騰騰的葛湯來喝，身體一下子都暖和起來了。

除了主要的日本茶外，店裡也提供一些和洋融合的商品，例如：各種茶葉口味的巧克力，伯爵茶、煎茶、焙茶、抹茶、綠茶和紅茶等。其中不乏非常適合送人的有日本茶和巧克力的組合商品，想想看若送一盒黑豆巧克力抹茶和煎茶口味的巧克力，是不是很有意思呢？再仔細一看，還有餅乾、果醬、糖果等商品，連架子上的茶具也頗有濃厚的西式風味。OHASHI 可說是一間非常特別的和洋融合茶鋪，相信在裡面會發掘許多購物樂趣。

有機會到中野一帶觀光散步的朋友們，別忘了來拜訪一下這間歐風味十足的日本茶專賣店，也許可以找到一些獨特又有趣的另類伴手禮喔！

店內商品包裝

店內商品陳列

我買的伴手禮

茶葉包裝盒

宛如抽屜般的包裝方式

盒子裡面的茶葉包

OHASHI

東京都中野区中野 3-34-31

週一～六 10:30 ～ 18:00（定休日 週日）

http://ohashi-cha.blogspot.com/

今月は
この一蔵の
独壇場
新潟ローカル
地域に愛される
銘店のお菓子
私から、あの人へ

CHAPTER 5

｜其他地方的伴手禮推薦｜

雖然在本書第二和第三章節已介紹過許多日本各地的獨特美食與甜點，但仍然還是有一些漏網之魚，這些還沒被提到的美食很多都是值得推薦的伴手禮。於是特地在介紹伴手禮的地方來補充分享，希望當大家有機會到日本各地旅行時，可以將它們帶回台灣慢慢品嘗。

新大阪車站必買伴手禮

把屬於關西的特色滋味一起帶回家

和東京車站一樣，新大阪車站也是購買當地伴手禮的一個好去處，對於從日本各地利用新幹線或其他線路來去大阪的旅人來說，新大阪車站是進出關西的重要門戶。本篇要特別介紹近來在JR車站裡引起話題風潮的高山堂 AMATSUGI 奶油三明治餅乾自動販賣機，以及本來就是超人氣的排隊名店 551 蓬萊肉包和經常名列前茅的必買人氣商品。

高山堂 AMATSUGI 奶油三明治餅乾
掀起話題的自動販賣機

創業百年的和菓子名店「高山堂」，竟然在新大阪車站裡設置了自動販賣機，在網路引起了不少話題，也吸引許多人前往一探究竟。其實在日本，我們已經看過不少奇奇怪怪的自動販賣機，但這麼高雅精美的甜點自動販賣機還是第一次看到，位置就在新大阪車站新幹線的月台上，是不是很酷！

和菓子老鋪高山堂的自動販賣機裡面，放的是他們的主力商品：用米粉做成的奶油夾心三明治餅乾。最大的特點在於採用米粉和玄米粉混合製作的麵團，加入有獨特風味的蔗糖，製造成和洋風味綜合的三明治餅乾，再夾入各種店家精心製造

RIKURO 老爺爺起司蛋糕卷

RIKURO 老爺爺起司蛋糕

日式和菓子「喜八洲」

的奶油夾心，這些餅乾以花朵的造型裝進一個一個精美的包裝中，送禮自用兩相宜。

內餡夾心有蘭姆葡萄、無花果、莓果、焙茶栗子、黃豆粉黑豆、大納言奶油等口味，每一種都很有吸引力，讓人想全部都嘗一遍。商品是以冷凍狀態出貨，建議買回來放置十到十五分鐘後再享用，是最美味的時刻，此時，口感紮實的餅乾與半融化的奶油夾心有著絕妙的獨特口感，如果買回去當伴手禮的話，建議放進冰箱裡再冰鎮一下風味更佳。有機會到新大阪車站搭乘新幹線的朋友們，不妨多花一點時間來尋找一下這個話題滿滿的奶油夾心餅乾自動販賣機囉。

高山堂甜點自動販賣機

高山堂的奶油夾心三明治餅乾

蘭姆葡萄奶油口味

551蓬萊肉包超人氣排隊名店

551蓬萊肉包是許多日本人去大阪必買的伴手禮之一，因此他們家的店鋪經常大排長龍。551蓬萊肉包最大的特點在於肉餡甜美多汁、外皮蓬鬆有彈力，當肉汁滲透到柔軟的麵皮裡時，嘴裡濃郁的香氣漫溢，頗耐人尋味。由於肉餡是採用大量的洋蔥製作，比一般我們吃習慣的肉包多了一些甜味，有些人很愛這一種獨特的滋味。據說551蓬萊肉包的創始人是台灣人，難怪他們的肉包能擄獲許多日本人的胃，而對我們這些在日台灣人來說，也是稍微能解鄉愁的家鄉味。

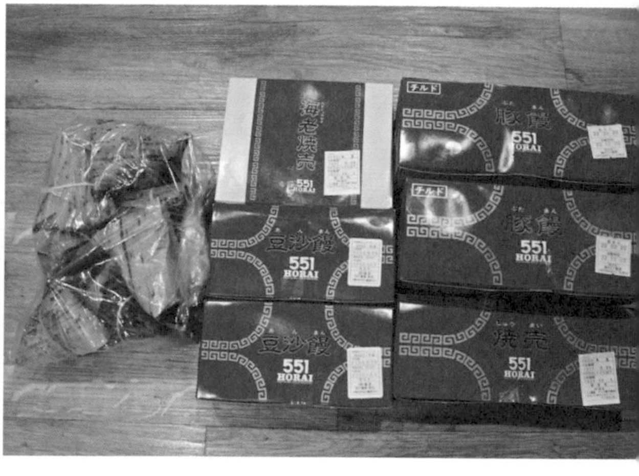

除了最受歡迎的肉包之外，其實店內還有許多意想不到的商品，數種口味的粽子和兩種口味的燒賣都頗具人氣，其中海鮮口味的粽子料好實在，讓人下次想多買幾個回來。最令人滿意的是包了滿滿蝦肉餡料的燒賣，雖然很小一顆，但每一顆都吃得到誠意十足的蝦肉，調味也很用心，是令人想再度回訪購入的厲害美食。

此外，豆沙包也很受歡迎，是只有本店才有的品項，和肉包組合在一起是日本人最愛的必買伴手禮。當然最好吃的包子還是在台灣，但551能在大阪形成大排長龍、廣受日本人喜愛的規模，也讓我這個台灣人另眼相看了。

大阪人氣和菓子老鋪「喜八洲」

有一次，我們全家從大阪坐新幹線回東京，每個人都已經累得不行了，雖然知道新大阪車站裡非常好買，各式各樣的伴手禮琳瑯滿目，但只看到小鬼們攤在候車區的椅子上動也不動，再看到四周都是大排長龍的盛況，我也失去了買伴手禮的興致。這是我第一次對伴手禮沒有興趣，連我自己都不太敢相信說。

等著等著，本來以為我家大塚先生跑去上廁所，但過了很久都沒看到他回來的跡象，正擔心他該不會因為大號而耽誤了上車時間吧！就在最後幾分鐘，我家大塚先生終於趕回來了，原來是怕我們在新幹線上肚子餓，所以去排了人氣日式和菓子「喜八洲」，買了他們家的絕品甜醬油糰子和紅豆酒饅頭，還順便帶了一盒「金鍔」回去當伴手禮。最後他十萬火急地跑回來對我說：「雖然妳跟著小鬼們下午吃了一堆章魚燒，但那畢竟不是正餐，等一下鐵定會喊肚子餓，我看這間大排長龍一定很好吃，在新幹線上可以墊墊胃……」

我說大塚先生啊~你實在是太會買了！這家喜八洲是大阪非常有名的和菓子老鋪，你買的還是他們家最受歡迎的前三名點心。原來，不是只有媽媽覺得你會餓，老公也覺得你會餓的……。

大塚太太的私房推薦

從零食到文具，不可錯過的美食好物

新大阪車站好吃好買的當然不只上述這幾個，其他的商品還有 RIKURO 老爺爺現烤起司蛋糕……等，有些在前面的篇章中已介紹過，這邊就不再多述，倒是下面幾樣或許是其他地區也看得到的品牌，但在大阪有獨家限定版的口味，在這裡也一併推薦給大家：

JAGABEE

大阪必吃的章魚燒限定口味

經常入圍新大阪車站伴手禮前三名之一的就是老少咸宜的 Jagabee 薯條，在眾多口味當中一定不能錯過的當然是來大阪必吃的章魚燒，在酥酥脆脆一吃不能自拔的國民零食薯條中，加上章魚燒醬汁口味總是讓人吃得津津有味，一盒裡面有五小袋，買回去和親朋好友一起分享最適合。

たこパティエ

滋味豐厚的章魚燒酥派

此款人氣伴手禮也是章魚燒口味的商品，但這個酥派是由專業甜點烘焙職人開發出來的一個嶄新甜點，吃得到章魚燒的經典元素綠海苔粉、醬汁、柴魚粉和美乃滋，又吃得到胡桃碎片與帶著微微甜味酥派的結合。將傳統的章魚燒變身為一款又甜又鹹、滋味豐富的甜點，吃在嘴裡會令人驚喜連連的。

千鳥屋宗家
必吃的みたらし小餅

這是一種將甜醬油糰子做成一口尺寸方便享用的日式甜點，而且還是關西地區的限定販賣，喜歡甜醬油糰子的人千萬不能錯過，是個自用送人都會令人開心的美味伴手禮。彈性極佳的麻糬餅皮裡面包著濃稠的甜醬油，一個接著一個讓人欲罷不能，再搭配一杯熱茶更完美。

ええもんちぃ
美味的瑪德琳蛋糕

製造商是在北濱的本館原本以米粉做成的生奶油蛋糕巻聞名之店鋪「五感」，這款「ええもん」瑪德琳蛋糕是他們的另一個人氣商品，用的是米粉和麥粉混合而成的生地，營造出更具彈性的口感。在車站裡賣的又是尺寸更小的瑪德琳蛋糕，因此名字後面多了一個小字「ちぃ」，變成「ええもんちぃ」，無論名字和外觀都多了一份可愛的喜感，頗受女性消費者歡迎，當然美味也是重要的因素。

月化粧饅頭

令人抵擋不了的濃情密意

青木松風庵的「月化粧」饅頭一直都是許多日式和菓子愛好者的心頭好，甜而不膩的白豆內餡與帶點煉乳風味的奶油外皮，共譜出絕妙的相合度與濃情密意感，總是讓人念念不忘，因此在各大賣場中消費者的回購率一直是居高不下的。他們還曾創下3秒賣掉一盒的紀錄，如果在煩惱不知送什麼伴手禮的話，月化粧饅頭會是個不敗的選擇喔。

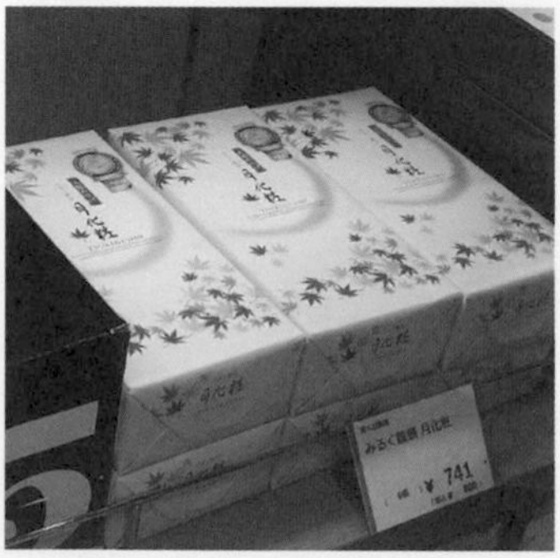

柿の種

章魚燒是大阪限定口味

和啤酒非常相配的「柿の種」，在這裡的商品是用四方型的設計盒包裝，小巧可愛非常討喜，加上多種口味選擇，特別適合分送給多人數的同事和朋友群。其中建議一定要買的就是大阪限定的章魚燒口味，另外奢華度滿滿的起司杏仁果口味也是人氣首選之一。

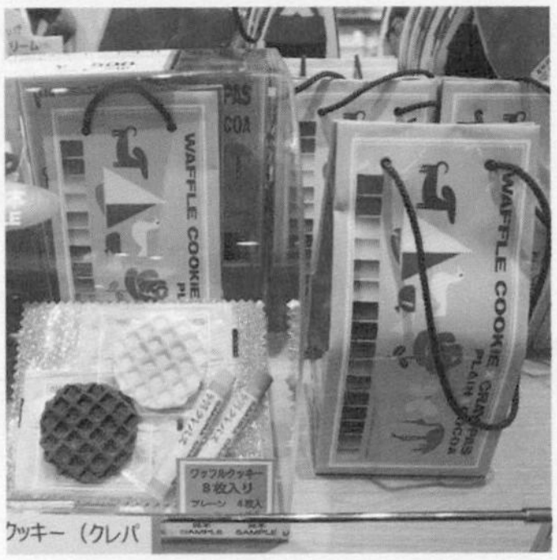

PABLO 起司塔
人氣十足的相關商品

來自大阪的現烤起司塔 PABLO，美味好吃加上電視雜誌各媒體的大肆報導，早已到了無人不知的地步。而且常常會有各種吸睛的創意甜點商品出現，只要在車站裡面發現他們的相關伴手禮商品幾乎都是人氣十足。

知名文具商品變身的伴手禮區

這裡有一區是日本知名文具變身而來的伴手禮區，相信看到的人都會眼睛一亮的，有國民品牌「Sakura Craypas」推出的餅乾、巧克力和夾心餅乾禮盒，也有各種文具相關商品都讓人愛不釋手，吃完後的盒子一定捨不得丟棄要留下來珍藏啊。此外，還有大阪不易糊工業株式會社出產的人氣商品，Fueki 君糨糊變身而來的各種有趣伴手禮，大人小孩都搶著要呢！

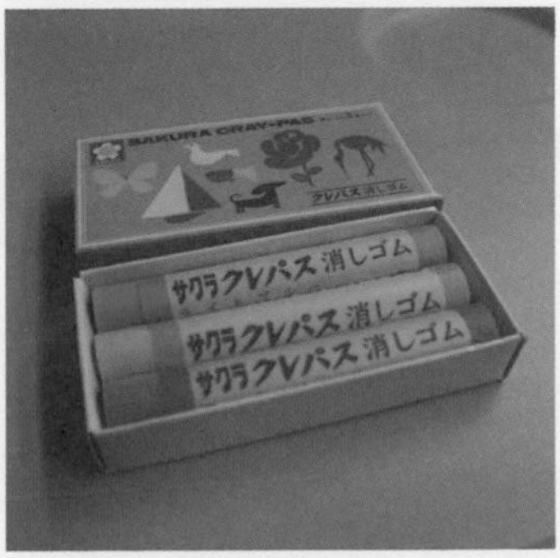

大阪超人氣餅乾罐

介紹一款大阪超人氣餅乾罐，是只有在「大阪北浜レトロ」才買得到的限定品，「大阪北浜レトロ」是一間當地知名的紅茶專賣店，在他們可愛迷人的建築物裡享用經典美味的英式下午茶是許多紅茶愛好者夢寐以求之事。位於大阪證券取引所對面的這棟建築物，前身也是一間證券仲介公司，後來在一九一二年改建為現在的紅茶專賣店「大阪北浜レトロ」，但建築物本身是國家登錄有形文化財喔。

除了在平日可以接受預約但假日要排隊的人氣茶室裡享用茶點之外，於一樓販賣區購入他們的各種伴手禮與雜貨也是大家趨之若鶩的事。其中這款餅乾罐就是「大阪北浜レトロ」的人氣商品，口味非常獨特，當我看到 Clotted Cream &夏威夷果、北浜香料印度茶和伯爵檸檬茶這幾個字眼時，就知道這盒餅乾罐並不簡單。每次我家小姑有機會到大阪，她都會特地跑一趟將它帶回來東京慢慢享用。

大阪北浜レトロ下午茶

大阪北浜レトロ餅乾罐

大阪北浜レトロ招牌

一樓伴手禮販賣區

大阪北浜レトロ外觀

大阪北浜レトロ

大阪府大阪市中央区北浜 1-1-26 北浜レトロビルヂング

平日 11:00 ～ 19:00
假日 10:30 ～ 19:00

https://tabelog.com/osaka/A2701/A270102/27000121/

長崎必買伴手禮
長崎蛋糕TOP5！

長崎蛋糕是在十六世紀正當大航海時代，葡萄牙和西班牙等強國、貿易商、傳教士紛紛到東方叩關時傳進日本長崎一帶，後來成為當地的代表甜點。經過五百多年的烘焙改良與演進，漸漸由皇室貢品、上層階級之間盛行的甜點流行至市井小民中，如今已成為日本家喻戶曉的銘菓。

這篇文章將要介紹長崎縣必買伴手禮長崎蛋糕TOP5，每一個都是我到當地店鋪甚至本店買回家試吃後的實際心得喔！

05

和泉屋

和泉屋的長崎蛋糕雖然是五大品牌中名列第五，但在我看來它卻是其中最勇於創新和開發新產品的店鋪，因此在店裡購買伴手禮時，其琳瑯滿目的選擇和新穎獨特的口味常令人驚呼聲不斷。他們最主要的店鋪就在當地知名觀光景點大浦天主堂的前方，與TOP4的文明堂並列林立在熱鬧的伴手禮街道上。當我看到和泉屋櫥窗裡的愛心形狀與淋上巧克力醬口味的長崎蛋糕時，抵擋不了誘惑就走進店裡了！

和泉屋有許多創新的口味，我買了他們人氣頗高以抹茶紅豆和原味紅豆組合的雙重口味「綺麗菓」系列。採用長崎當地的嚴選雞蛋、北海道產的大納言小豆與農林水產大臣賞玉露部門受賞、由「倉住努」製作的八女星野村產抹茶，將精緻且具有深度的滋味展露無疑！最令人驚喜的是可以一次享受兩種滋味的長崎蛋糕，在嘴裡譜出各具風味卻互相融合襯托對方的雙重奏，推薦給喜歡新奇創新的長崎蛋糕愛好者。

和泉屋
長崎県長崎市相生町 9-8
9:00 ~ 17:30
http://www.n-izumiya.com/

04

文明堂

明治三十三年（西元一九〇〇年）創業至今已超過一百年的老店鋪文明堂，講究繼承傳統與迎接新時代的變遷，除了將店裡最堅持的美味流傳下來外，也致力於新變化的嘗試。我在長崎著名的觀光景點「出島和蘭商館跡」的附近找到了文明堂的總本店，建築物外觀果然散發著濃濃的歷史感。走進店裡最吸引人的莫過於他們近年來致力於口味創新的黑糖、和三盆和濃茶三種類的特選長崎蛋糕。由於我到的時候超人氣的黑糖口味已賣完，於是買了店員的推薦只有本店鋪才有的濃茶口味，也就是說在其他地方是買不到的喔。

文明堂黑糖、和三盆和濃茶三種類的特選長崎蛋糕都非常注重所使用的食材，例如沖繩縣產的黑糖，將太陽恩惠下孕育出來的甜美與滿滿礦物質注入蛋糕的美味中；阿波的和三盆糖，增加了蛋糕溫雅柔和卻富有深度的層次感。另外福岡縣八女產的濃茶則是把上質香濃的茶香融合到甜點中，帶著濃茶特有的苦澀與回甘，是一款具有成熟大人風味的長崎蛋糕，非常適合喜歡品茶的饕客們。

文明堂
長崎市江戸町 1-1
9:00 ～ 18:00
https://www.bunmeido.ne.jp/

03

福砂屋

福砂屋的長崎蛋糕可說是台灣民眾熟悉並喜愛購買的伴手禮，位在長崎的本店散發著一股歷史悠久的氛圍。採用精選雞蛋、砂糖、糖漿和小麥粉的簡單材料，完全靠師傅手感攪拌，從頭到尾小心謹慎地製作直到完成是其美味的祕訣所在。香濃芳醇的雞蛋香與溫潤柔和的牛奶，在柔軟綿密的蛋糕質地中交匯，吃在嘴裡美味無比。蛋糕底部的砂糖結晶顆粒更有一種畫龍點睛的效果，甜度鮮明與砂糖顆粒的口感剛好與微甜鬆軟的蛋糕相互映襯，精彩豐富的層次變化感就是福砂屋長崎蛋糕與眾不同的地方。

福砂屋獨特製造的五三燒長崎蛋糕風味更濃、香氣更重，是長崎蛋糕中的精選品。福砂屋還有一款頗有人氣的荷蘭蛋糕，是在傳統長崎蛋糕的材料裡加上優質甜美的巧克力，並在上面鋪上胡桃和葡萄乾後，直接烤出香氣洋溢、滋味豐盈，多了幾分耐人尋味的風情。另外福砂屋也經常推出具紀念性質的期間限定或地方限定版本，將傳統口味的長崎蛋糕隨著季節變化與各種節慶，包裝成多樣化的四方立體狀，不論是送人或自家品嘗都是很出色的伴手禮。

福砂屋
長崎県長崎市船大工 3-1
9:30 ～ 17:00
https://www.fukusaya.co.jp/

02

琴海堂

位於長崎市琴海地區的「琴海堂」，它的特色是職人堅守傳承下來的傳統作法且特別重視食材的嚴選，因此頗受當地人愛戴並稱之為「有生命的長崎蛋糕」。本來在文明堂修業的職人於昭和四十五年獨立出來創業，當時的純手工作法經過半個世紀仍然被堅守傳承下來，其經典的純樸風味沒有多餘的繁雜矯飾，反而在歲月的淬鍊下更顯得單純真實。

砂糖是採用徳島阿波的「極上和三盆糖」、水飴則是佐賀縣產的糯米做成的「純糯米水飴」、雞蛋堅持使用長崎縣產的「太陽卵」。他們最受歡迎的商品是「琴海の心」，比一般的長崎蛋糕多用了兩倍的「極上和三盆糖」，雖然砂糖的量用了兩倍，入口後卻不會太甜，因為極上和三盆糖顯露出來的是高級的微甜滋味，讓長崎蛋糕更香濃出色韻味無窮。就算經過一段時間依然如同剛燒烤出爐一樣的蓬鬆柔軟且風味不減，因此才坐擁「有生命的長崎蛋糕」之稱號。

大塚太太的私房話

書中介紹的人氣必買長崎蛋糕TOP5，若沒有時間到他們的店鋪購買也沒有關係喔，在長崎機場的伴手禮處全部都可以買得到。有機會去長崎旅遊的朋友們，千萬別錯過了這五間深受當地人喜愛的必買長崎蛋糕囉。

琴海堂

長崎県長崎市西海町 1557 － 3

平日 9:00 ～ 17：00

https://kinkaidou-castellara.online/

01

松翁軒

提到「松翁軒」可能有許多日本人也沒聽過，但卻是長崎當地居民公認的第一名！原來是松翁軒，並沒有做任何大型廣告宣傳，靠得是口耳相傳與當地人的口碑。和其他知名的幾家長崎蛋糕相比，松翁軒的長崎蛋糕屬於厚重紮實的口感，吃在嘴裡的厚實感讓人可以感受到他們在食材用料上下的重本，與不偷工減料的用心做法。然而底部的砂糖結晶顆粒雖不像「福砂屋」和「文明堂」那麼多，但對不喜歡太甜的人來說卻是剛剛好，也可以更專心在品嘗雞蛋與牛奶共譜的純粹風味中。

松翁軒最具代表的是它的五三燒，在專業職人的細心與純煉技術下製作出少量生產的獨特五三燒，蛋黃和蛋白的比例是五比三，這就是五三燒之稱的由來。由於蛋黃的比例較多，因此整片五三燒長崎蛋糕呈現黃澄澄的金黃色澤，廣受長崎蛋糕饕客們的喜愛。此外，將蛋黃和蛋白分開處理再加入少量的麵粉，同時在製造過程中特別講求凸顯牛奶與雞蛋的香濃風味，是松翁軒的堅持也是他們受歡迎的祕訣所在。除了經典原味外，他們的巧克力拿鐵、抹茶、白桃等口味也別有一番風味。

松翁軒
長崎県長崎市魚之町 3 番 19 号
9:00 ～ 18:00
https://shooken.com/

青森

蘋果、仙貝與價格實惠的其他當地特產

說到青森大家都會想到蘋果，沒想到青森的蘋果有這麼多品種，很多都是沒吃過的，而且在東京也很難買到，大紅榮、土歧、紅玉、シナノゴールド、青林、彩香……，說都說不完，每個品種的滋味和特色真的很不一樣。重點是超級便宜，便宜到想全部買下來一天照三餐吃啊！哪裡最便宜呢？一定要告訴大家，道路休息站「道の駅」是個非常好的選擇，比起車站裡的伴手禮賣場更能找到接近當地人生活的各種物產。還是那句老話，如果想知道旅遊當地的風土民情與生活情報，來這裡逛一圈可以得到不少資訊。

更讓人驚奇的是，在青森的各大賣場裡可以買到各種品種的蘋果汁。什麼！蘋果汁不就是蘋果汁嗎？不！不同品種的蘋果汁喝起來真的很不一樣，當你有機會一次喝到這些果汁時，就會瞭解原來蘋果汁還可以分得那麼精細，真是讓我大開眼界！其中我最喜歡的品種「星の金貨」蘋果汁，連包裝都很有設計感，建議大家在當地品嘗各種品種的蘋果後，可以買一些與蘋果相關的伴手禮商品，你會發現就算是伴手禮都可以買到不同種類的蘋果商品喔。

星の金貨蘋果汁

青森當地蘋果超便宜

仙貝湯包 SET

仙貝火鍋

いちご煮罐頭

いちご煮炊飯

獨特的仙貝火鍋和披薩

另外，仙貝也是當地特產之一，八戶的仙貝湯包SET，以及在三戶一間傳統工房直接購入的手工仙貝（在青森很多地方也買得到），買回來可以煮出一鍋獨特的仙貝火鍋，讓大家一飽口福！

這種南部仙貝非常神奇，放進火鍋中竟然把湯汁吸得滿滿的，口感也變得有點像麻糬一樣Q嫩有彈力。火鍋裡放進肥厚的蔥白、牛蒡、菇菇、水菜、大白菜還可以加個葛粉條或烏龍麵、涮個豬肉片等，這一晚我把北東北的溫暖帶回了我們家，讓家裡的吃貨們吃得暖烘烘的非常滿足。當地人還教我可以用這仙貝當餅皮做成比薩，第二天早餐我們就吃香腸番茄青椒仙貝比薩，沒想到南部仙貝烤過後又變得酥脆得不得了，本身還帶著淡淡的鹽味愈吃愈涮嘴。好吃到小鬼們說明天早餐還要這樣吃，此時我只懊惱著：早知道應該扛個十大箱回來才對！

青森八戶的「陸奧湊駅前朝市」，有價格非常便宜的當地特產「いちご煮」罐頭，我特地買了幾罐送給大塚先生補補身體的。大塚先生非常喜歡青森的海膽，記得他曾經用家鄉納稅申請了海膽罐頭，因為捨不得自己吃掉，全部都拿去台灣送給阿公當父親節禮物了。於是藉著那次造訪青森的機會，買了這罐連當地人都推薦的地方名物いちご煮給他，裡面有滿滿的海膽和鮑魚，拿來煮炊飯整間屋子都會香噴噴的。可別忘了多買幾罐，一罐煮炊飯、一罐煮海鮮粥、另外一罐放著過年時來煲海鮮湯，絕對不嫌多。在這裡也介紹給大家，喜歡海膽和鮑魚的朋友們，趕快筆記下來吧！

重口味拉麵、燒肉醬和英式吐司都很值得一試

最後要介紹的是青森當地人最喜歡去的超市，是一間名為「Cub Center」的地方超市。這家超市不僅價格便宜，還有當地人喜愛的生活用品與琳瑯滿目的美食。也可以買到上面介紹的各種蘋果汁。如果看到「青森名物」或「青森限定」等字樣的商品，就是代表只有這裡才買得到的東西；例如：有一款「青森味噌咖哩牛奶拉麵」可說是當地人頗受歡迎的泡麵。濃厚的味噌與咖哩竟然有著意外的相容性，雖然兩者都是重口味，但在牛奶的平衡下變得溫和順滑不少，滋味讓人難以忘懷。

還有一款燒肉醬是青森家家戶戶必備的醬料，他們有一系列各種不同的口味，其中經典的原味、香甜微辣的紅色商標與寫著「塩燒」兩個字的鹽味是最受歡迎的口味。大家如果在賣場看到的話，別忘了多帶幾瓶回家，無論燒烤各式肉類或炒菜都可以讓食材的滋味更出色。

另外，上面寫著「英式吐司」的麵包可說是青森縣民的靈魂食物，大人小孩都喜愛，已經推出了數十種

青森地方超市「Cub Center」

當地名物「いちご煮」罐頭

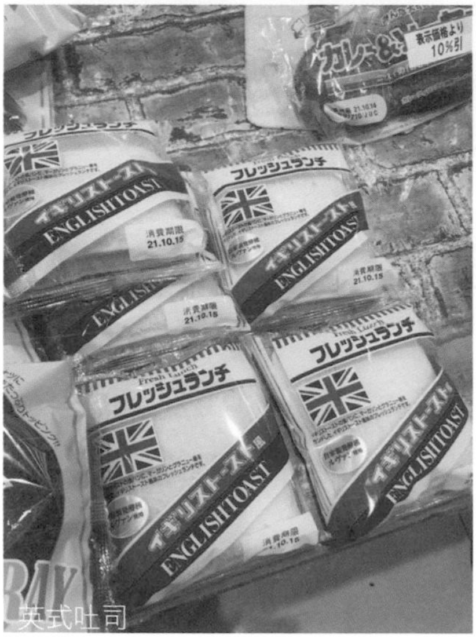

英式吐司

青天の霹靂

口味以上，連日本國民麵包山崎出品的「LUNCH PACK」都可以看到它的蹤跡。最後要提的是，近來青森非常有人氣的白米品牌「青天の霹靂」，其中設計成用寶特瓶盛裝的包裝方式，特別適合拿來當伴手禮送給親朋好友。

青森蘋果汁

新潟

從越光米到貓熊燒，
帶回家的不僅是美食，
更是回憶

有一次千辛萬苦從新潟扛回來的伴手禮，我們家的吃貨們滿意度超級高，原來是因為這次跟我同行的夥伴們，都是新潟縣出身的，難怪他們推薦的並不是觀光客必買而是當地人的回鄉必買。其中有兩樣人氣甜點伴手禮，夏花火派「GATEAU HANABI」和焦糖洋梨夾心洋菓子「NIIGATA CARAMEL LE LECTIER」，讓我們家的吃貨們讚不絕口！

一一道來：每樣伴手禮都有故事

我帶回來的伴手禮每一樣都有自己的故事，都是新潟各個地方的重點代表，其中一款雪室熟成蛋糕香醇濃郁，是我在「魚沼の里」的八海山雪室，穿過高大雪牆找到出口帶回來的。那款傳說中 SUWADA 製造的指甲銼刀，是我在日本數一數二的重金屬產業區域「燕三條」的「諏訪田製作所」帶回來的。這間金屬工廠裡竟然隱藏著現代風濃厚的個性美術館和文藝咖啡廳。而那瓶喝了會讓人嚇一跳的雪室紅蘿蔔汁，是我在積雪過多差點出不來的深山裡，小心翼翼背在身上從雪屋中帶出來的，果然經過大雪儲藏的蔬果更加香甜濃郁。那瓶白桃甜酒是在新潟知名酒造「今代司」，以一次四百日幣的扭蛋中扭到的，同時也害我差點淪陷在扭蛋的致命吸引力中，這個扭蛋太邪惡，獎項居然是今代司的各大銘酒和銘品，會讓人深陷其中欲罷不能的。除此之外，各式仙貝、經典笹団子、河川蒸氣的洋風銅鑼燒、以及新潟車站肉包等。每次帶回來的不僅僅是伴手禮，更是我刻骨銘心的回憶。最後，我家大塚爺爺拿起指甲銼刀眼睛閃閃發亮地說：「這個雖然不能吃但很好用耶，下次也把指甲剪一起帶回來吧！」

越光米各式風味組合，令人目不暇給

來新潟怎能不買米回家呢？一路上遇到了好多特別的新潟越光米，有幫你配好料的各種炊飯、飯糰、咖哩飯、紅豆飯、豆玄米飯、丼飯、加壓玄米飯等便利包、也有夢幻逸品極上魚沼米、還有獻給皇家的伊彌彥新米，連新潟縣離島佐渡所培育的越光米，通通被我帶回來了。

此外，我在新潟縣的阿賀野市也有驚奇發現，原來它是我們家愛喝的安田優酪乳原產地，也是出品日本國民零食的龜田製菓發源地，這裡還有一個棲息著六千隻天鵝的瓢湖。我在瓢湖餵著天鵝和野鴨、吃到了只有這裡才吃得到的葛粉冰棒，愛吃葛粉相關食物的我，多麼希望在東京也能購買得到這不會融化的冰棒啊！

伴手禮區有好多可愛的天鵝相關商品，我帶走了白鳥甜點、餅乾、咖啡以及只有這裡和東京伊勢丹才買得到的氣質甜點。另外還有嘉右衛門各種新開發的米飯商品，回家後每天煮一種越光米來吃，其中越光米和昆布、吻仔魚、蓮藕、筍乾的組合、越光米的雜穀咖哩風味和紅豆飯等，每一種都粒粒分明自帶甜

獻給皇家的伊彌彥新米

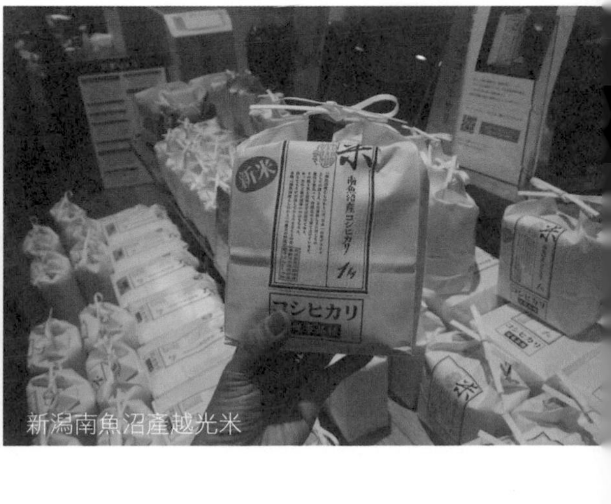

新潟南魚沼產越光米

味，第二天再做成飯糰帶便當正好。

後來在彌彥村遇到白色貓熊燒和絕品甜點也很令人難忘，之前買到獻給皇室的伊彌彥越光米時，我們家的吃貨們都驚艷不已直呼太好吃了！當我有機會再次來到彌彥村這個地方，心中就期待著絕對要品嘗用當地米做成的各種甜點，一定也會非常好吃的！果然「分水堂菓子鋪」的人氣白色貓熊燒讓人一吃就明白，用美味的米做成的麻糬皮超級柔軟彈牙，內餡有很多口味的選擇，其中的枝豆餡更是特別，還榮獲過日本全國物產展的大賞！

不會溶化的葛粉冰棒

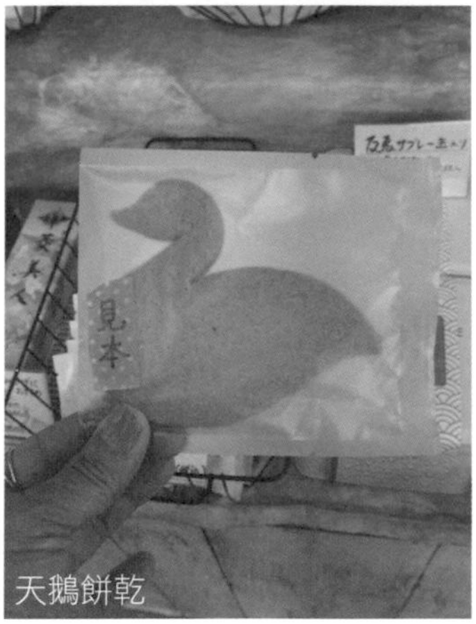

天鵝餅乾

燕三條金屬餐具

白色貓熊燒

新潟伴手禮最佳採購點

由於在這裡發現了美味的麻糬甜點，我接著就在附近的「おもてなし広場」大爆買，從他們的麝香綠葡萄大福、最新登場的和栗大福、甜醬油糰子到綜合口味的和菓子禮盒通通都買一輪！帶回家後，我們家的吃貨們大大讚賞，沒吃過這麼柔軟細致的麻糬皮，內餡也很用心下過功夫，還問我為什麼不多買一些回家呢？我也想啊！心想不如下次我把你們帶去當場吃到飽如何？

最後，我要介紹兩個購買當地伴手禮的好地方。一個是新潟JR車站，在整修過後更具質感與便利性。我發現車站裡散佈的CoCoLo非常好買，有傳統經典的歷史感商品，也有創意滿滿兼具質感的各種生活雜貨，其中還有從新潟各地收集而來的精品，例如燕三條一帶出產的知名金屬工藝品、用安田瓦製造的餐具、佐渡北澤窯出品的氣質杯具、多款顏質與實用兼備的餐具等。讓人流連忘返深陷其中不可自拔。

另一個則是越後湯澤車站，據說很多車站還特別前來觀摩效仿。車站內有一個讓人品嘗一百種以上日本酒的地方，也有療癒十足的日本酒溫泉可以泡。裡面還有一個人氣名物，竟然是超級巨大的飯糰，除了可以買回家慢慢享用，還可以當場挑戰完食的活動。成功者可以照相留念，貼在店裡的牆壁上喔！另外還有新潟縣人氣純米吟釀日本酒「上善如水」做成的化妝品、各種乾貨、醬油、新潟越光米名品等，太多了介紹不完，請大家親自去挖寶囉。

我在這裡購買新潟名物「笹団子」時，老闆知道我是台灣人後又多送我兩個，難道以後在日本用「台灣人」三個字，就可以縱橫江湖騙吃騙喝了嗎（笑）！

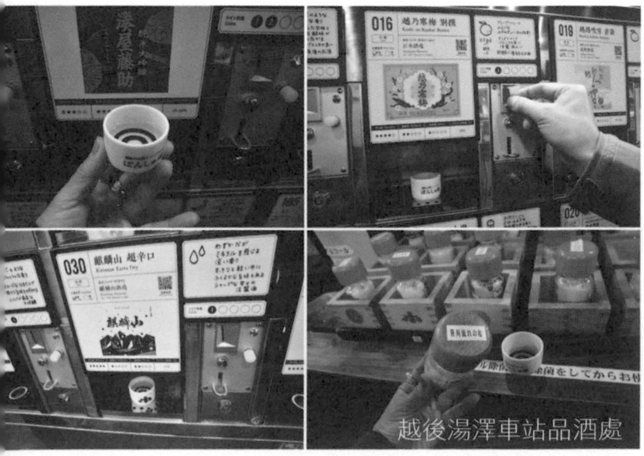

越後湯澤車站品酒處

愛媛

星級毛巾三色糰子，還有迷人的蛋糕卷

我自己非常喜歡愛媛縣，愛媛是一個自然、人文、藝術、工藝、特色美食等多采多姿的地方，而且每一個景點的特性都很飽滿。

說到愛媛一定會想到今治毛巾，愛媛縣的今治市是今治毛巾發源地所在，有藍色的線條和紅底白色圓形的標籤就是今治認證的標誌。通過吸水性、掉毛率、抗菌程度和染色性質的四大關鍵反覆驗證後，才能掛上這個今治認證的標誌。

另外，三色少爺糰子也是必買的特產之一。日本知名小說家夏目漱石的小說作品《少爺》（坊ちゃん）以道後溫泉為背景，因此在道後溫泉周圍可以看到與小說相關的元素。例如：商店街口旁的「少爺機關鐘」，當固定時間到時，鐘樓就會拉高，小說中的角色也會隨著音樂登場。此外，頗具人氣的「少爺列車」每天也會在固定時間進站，進站時的分裝和合體非常特別，吸引了許多民眾觀看。

在小說中，主角來到道後溫泉時吃了兩份三色糰子，因此「少爺糰子」的名稱便由此而來。這種糰子在外層分別裹上抹茶、雞蛋、紅豆三種口味的餡料，三個一串非常可愛，一次可以品嘗到三種口味。雖然在許多店鋪都可以買到三色少爺糰子，但我在「伊予灘ものがたり」觀光列車上買的，這讓我留下了一個特別的回憶。

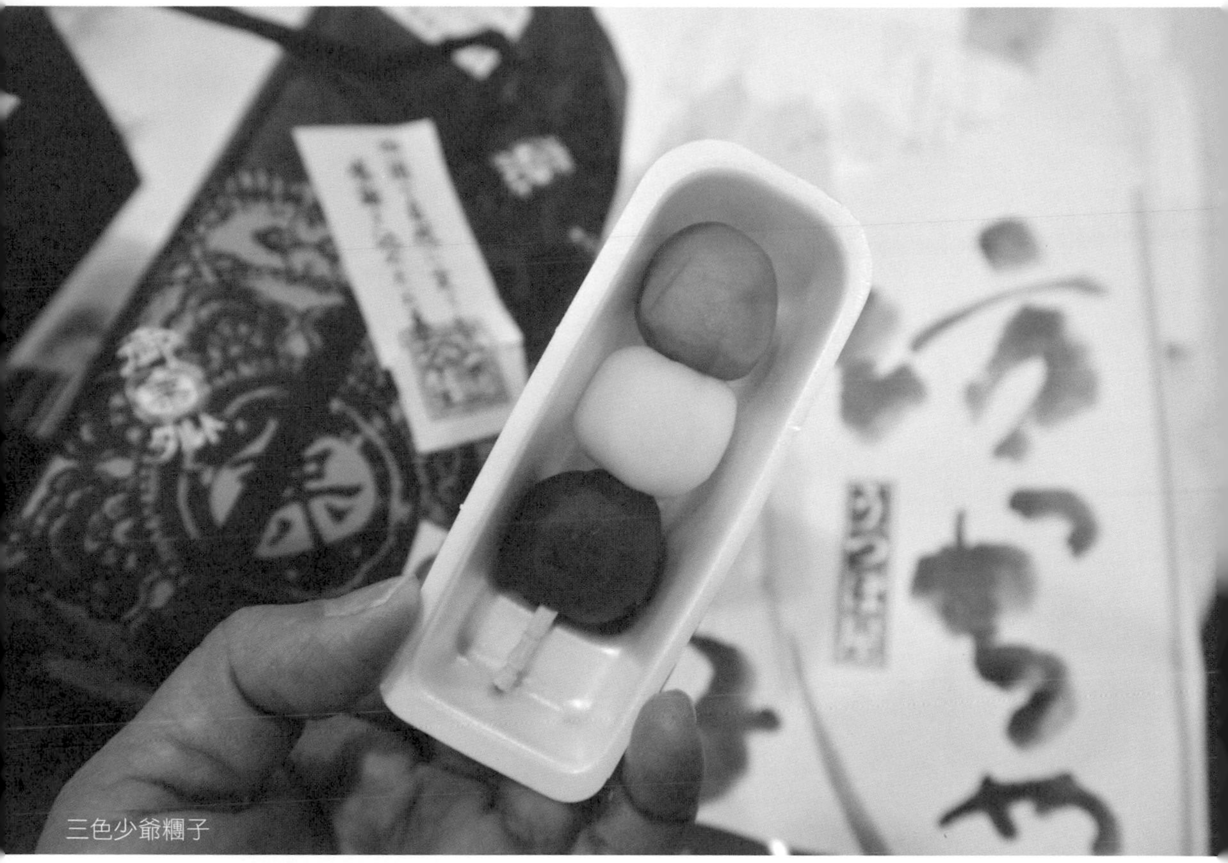
三色少爺糰子

少爺機關鐘

「伊予灘ものがたり」觀光列車

今治毛巾

百年老店裡的七色麵線

另外推薦一個在愛媛的松山機場即可買到，名稱為「御栗タルト」的蛋糕卷。這是中間包著滿滿紅豆泥的蛋糕卷，在愛媛各處伴手禮店鋪也經常可見，但裡面多一個美味可口的栗子是我最推薦的口味，這款蛋糕卷是屬於質地比較紮實的蛋糕，無論是外面的蛋糕皮或內餡紅豆泥都充滿沉甸甸的份量感，多了栗子的點綴更加風味無窮。

「五志喜」是一家創業三百八十餘年，提供當地鄉土料理的百年老店。這家料亭在網路上的評價非常高，是當地人頗為推薦的必吃口袋名單。這裡可以吃到僅在愛媛才能品嚐到如此Q嫩的鯛魚生魚片和慶

七色蠟筆麵線色彩誘人

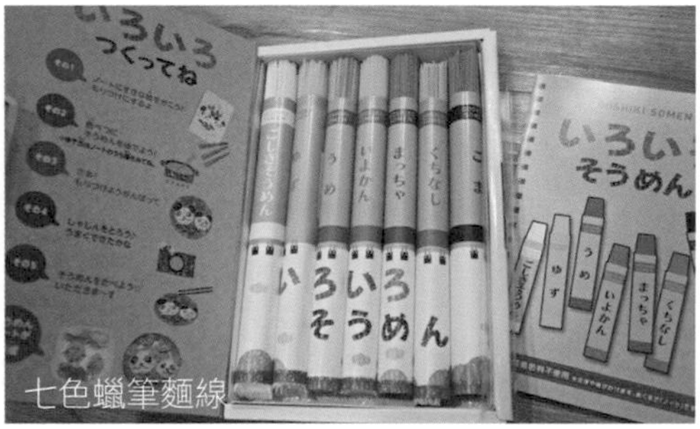

七色蠟筆麵線

五志喜
愛媛県松山市三番町 3-5-4
午餐 11:00 ～ 14:00，晚餐 週一～週六 17:00 ～ 22:00，週日與國定假日 17:00 ～ 21:00
https://s422500.gorp.jp/

賀喜氣的鯛魚飯，尤其是鯛魚頭煮物，肥嫩豐美，大大滿足味蕾。

店內的七色蠟筆麵線是很值得推薦的伴手禮。七種顏色都使用天然食材製作，並賦予不同的味道：白色原味、黃色柚子味、粉紅色梅子味、橘色蜜柑味、綠色抹茶味、藍色梔子花味、灰色芝麻味。每一種顏色的麵線都真的可以吃出它們自己獨特的味道，如黃色的淡淡柚子味、粉紅色有受女性歡迎的梅子味，以及散發著芳醇濃郁芝麻香的灰色麵線等，藍色雖然寫的是梔子花的口味，但吃起來味道頗為淡雅，要很專心品嘗才可以吃出一點淡淡的花香，也是滿特別的。有機會拜訪五志喜的話，別忘了也把這一款非常獨特的伴手禮帶回家吧！

長野

蕨餅、寬麵、巧克力，各類不可錯過的信州美食

長野境內的輕井澤，是台灣民眾們非常喜愛和熟悉的景點，去輕井澤不能錯過的兩個地方，就是大人氣「輕井澤王子購物廣場」和熱鬧又古典的「舊輕井澤銀座通道」，因為逛完這兩處幾乎就掌控了輕井澤的購物與伴手禮了。不過，我想特別介紹的其實是人潮比較少的松本車站，無論是長野縣或松本當地的伴手禮都非常完備，大家可以在這裡逛得隨意又盡興。

在松本車站裡，主要有三個地方可以採買。一樓的物產伴手禮處提供了長野和松本當地的美食和紀念品，例如：八幡屋礒五郎的七味粉、SAWAYA 澤屋果醬、小布施堂的各種栗子相關甜點、野澤菜相關物產、以及松本手鞠相關商品等，都是必買之選。而在二樓，則可以購買到只有松本才有的人氣巧克力品牌「GAKU」的巧克力三明治。我去的時候剛好快要情人節了，他們還推出了期間限定的情人節版浪漫包裝。三樓的 NEWDAYS 裡面也有很多關於信州的特色伴手禮，買了家裡吃貨們指定的「白鳥の湖」、「雷鳥の里」、信濃銘菓「あずさ」等，我替自己準備了松本城最中餅及城下町好喝的礦泉水，準備帶到新幹線上享用呢。

松本城最中餅

城下町礦泉水

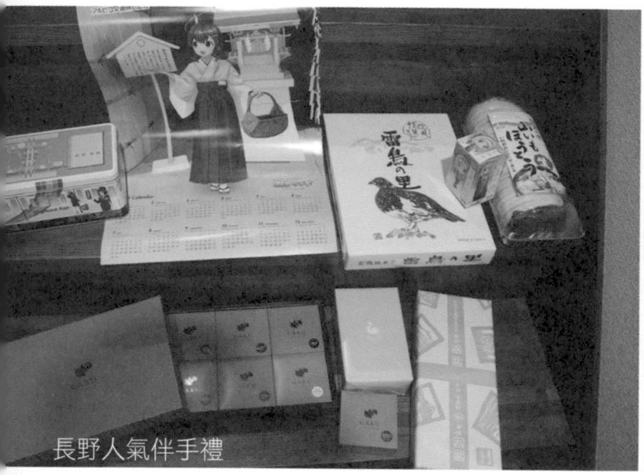

長野人氣伴手禮

松本手鞠相關商品

就在張羅完家裡吃貨們要求的各項伴手禮時，不小心被我瞥見了我最愛的長版寬麵「餺飥」，而且還是加了山藥泥的，相信大家看了本書第一章「山藥泥的魔法」，應該就知道其美味的魅力所在。於是不管我的包包已經重到不能再重的情況下，我還是帶了一個裝滿餺飥和調味料的便利包回家，果然用它來煮一鍋熱騰騰的餺飥火鍋，讓一家人吃得滿臉笑容、大大滿足！

另外有一次，從白馬回東京的路上，在道路休息站裡發現了沒看過的蕨餅大福，竟然是在Q嫩的蕨餅裡面包了滿滿的紅豆餡，讓我們家愛吃蕨餅的公婆都大大驚艷了。所以有時拜訪一些觀光客比較少去的賣場，會挖掘到不一樣的地方物產喔。

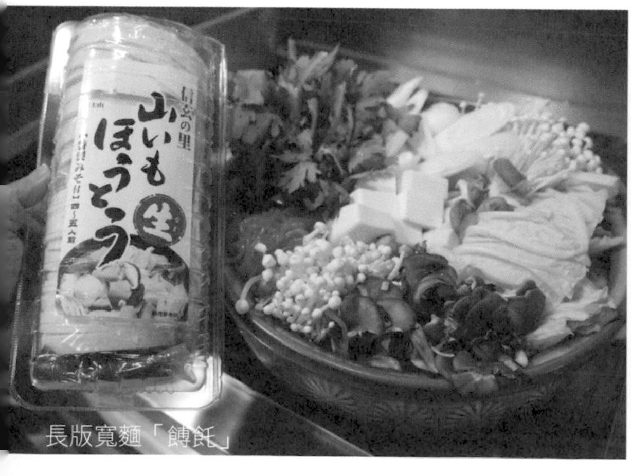

長版寬麵「餺飥」

長野牛奶麵包伴手禮

愛知

超獨特深海魚伴手禮，同時感受手作藝術魅力！

愛知縣蒲郡市「深海魚祭り」

說到愛知縣大家一定會想到名古屋，但我想和大家分享的是位於距離名古屋約四十分鐘車程的寶藏城市「蒲郡」，這是一個療癒系海洋度假和溫泉旅遊的好地方。

蒲郡在日本是少數可以捕獲許多深海魚的靠海城市之一，深海魚的數量和種類在全國是數一數二的。通常生活在海洋深度超過二百公尺的魚類就被歸類為深海魚，它們具有美味的肉質和豐富的魚油，是健康又美味的海鮮佳餚。其中被當地居民選為最受歡迎的前三種深海魚是：

色澤紅艷、寓意喜氣洋洋的金目鯛、超級霸氣，被列為世界最大螃蟹等級的高足蟹，以及人氣NO.1最受歡迎的メヒカリ（青眼魚）。

某一年，我有幸參加了蒲郡市的「深海魚祭り」，這是一個集深海魚美食和藝術氛圍於一身的手作市集祭典。回家後我用扛回來的伴手禮準備了一桌深海魚大餐，大家都吃得津津有味且紛紛表示大開了眼界。我帶回來的產品包括深海魚魚板、章魚炊飯的食材包、深海魚仙貝、深海魚一夜干、海鮮湯食材、魷魚乾，以及各式調味料等。其中一個稀有的喉黑魚高湯海鹽是萬用調味料，只要加一點點就會讓菜餚更加鮮美。後來我們在網路上回購，發現他們還有鯛魚高湯口味，當然是一起買回來，同樣受到好評，淡雅卻富有深度。

此外，還要跟大家介紹的是當地人平常採購會去的「海鮮市場」，可以看到當地的新鮮食材和物產，也能夠購入價格合理親民的伴手禮，而且事先預約的話，竟可以吃到一整隻高足蟹和大章魚喔！在現場的水族箱裡自己挑選想吃的大小，價格會依照尺寸而不同，喜歡吃海鮮的朋友們請筆記下來，絕對會是一個難得的體驗。

這回還在手作市集買了以深海魚和海洋為主題的手作工藝品送給大塚小弟，沒想到他居然對我說：「媽媽~這次妳買給我的禮物好酷喔！」原來我兒喜歡的是這種具有文青藝術風味的創作品，日本的手作工藝品市集也是伴手禮的大坑，大家千萬要小心啊！

深海魚祭り手作市集

神奈川

仙貝、饅頭和魚板，還有年節必吃的伊達卷

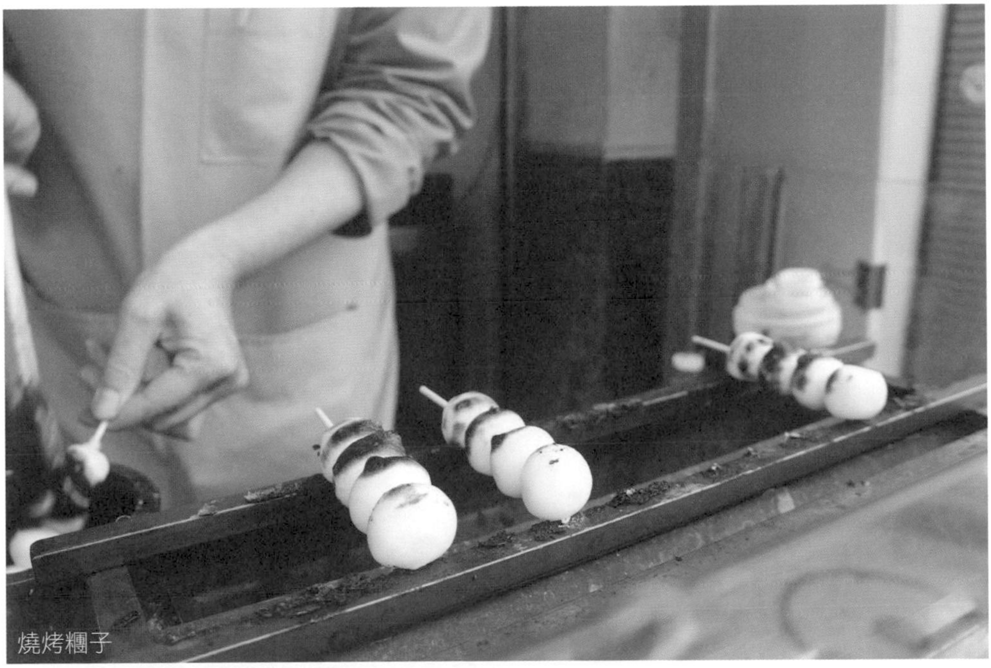

燒烤糰子

位於東京近郊的神奈川縣，一直都是我們家在假日時休閒散心的好地方，從年輕剛嫁來日本與大塚先生的約會、到有小孩後帶小鬼們出門的遊樂、還有與親朋好友的旅行、孝敬父母之旅或女子旅等等，神奈川縣都是一個很棒的選擇。

記得我在江之島「弁財天仲見世通り」裡，曾買過名店「あさひ本店」的名物，將一整隻章魚夾進鐵板裡燒烤成酥酥脆脆的章魚仙貝。接著，我挺起胸膛，像我家婆婆一樣氣勢十足地站在島上最受歡迎

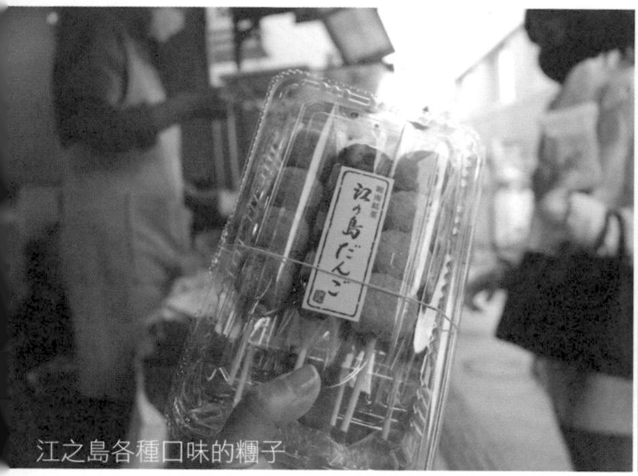
江之島各種口味的糰子

江之島人氣糰子店鋪

的日式糰子屋前，對老闆說：「把全部的口味都給我包起來帶走！」霸氣十足吧！同時在隔壁現做現蒸的知名「女夫饅頭」店裡，買了一盒我家大塚爺爺和婆婆都愛吃的日式饅頭。另外，在日式雜貨店裡，我看到好多精緻的江之島限定手工藝品，好想全部都帶回家，連路邊攤的首飾和藝術品擺設都好有質感。當場買了兩個髮飾，一個給我自己、一個給女兒，硬是要和女兒同樣可愛，這些都是令人難忘的回憶。

此外，小田原知名魚板店鋪「鈴廣」的各種魚板商品也是我們家必買的伴手禮。尤其他們的伊達卷，是我家大塚姊姊的最愛，也是我們家新年期間御節料理的必吃菜色。

「鈴廣」魚板店人氣商品

女夫饅頭

有一次大塚爺爺到神奈川出差，最後一天剛好遇到三月三日女兒節，晚上我家大塚先生為女兒做了一個女兒節應景菜色——散壽司，還是特別豪華有滿滿父愛的版本。就在晚餐開始的前一刻，我家大塚爺爺竟然風塵僕僕地趕回來，大家看到出差中的大塚爺爺嚇一大跳問：

「不是說要工作到快半夜才能回家嗎？」爺爺對姊姊說：「今天是女兒節，我要趕快把愛孫喜歡的伊達卷送到啊！」原來是大塚爺爺請工作夥伴們加速進度，趕在小田原的鈴廣魚板店鋪關門前，殺進去買了姊姊愛吃的伊達卷，然後再趕回東京來了。

看著眼前的一切，我這個外國娘親終於懂了，以前總覺得日本人愛過節日不怕麻煩，就像人們愛漂亮不怕流鼻涕一樣，是重視儀式感的民族性與商人的奸計使然。其實背後是為了滿足一個女兒奴和一個愛孫奴的心，我也被日本人這種愛過節日的文化漸漸感染了。

江之島手工藝品店

江之島限定御朱印帳

江之島手工藝品攤位

江之島手工藝品店鋪

沖繩

海島美食讓人嘴甜心暖好放鬆

沖繩是許多人喜歡去旅遊的地點，我的蜜月旅行也是在沖繩。最近一次去沖繩，其實是為了去旁邊一個還沒有被外國人認識的小島「與論島」，雖然其行政歸屬是鹿兒島縣，但從沖繩去是最近的。沒想到這個小島讓我們驚喜萬分，第一次看到如此美麗清澈的海水、第一次遇到藍得如此獨特的海洋、第一次感受到如此輕鬆自在的日本，也是第一次參加難得的祭典「十五夜踊り」，而且還是在「月全蝕」的情況下舉行的，真是讓人一生難忘！與論島的黑糖、月桃茶、祭典麻糬等都非常好吃。此外，在沖繩機場我們買到了沖繩特產紅芋所做成的芋泥塔、紅芋蛋糕卷、夾心捲、紅芋薯條等，還買到了沖繩限定的福砂屋。我們發現，雖然紅芋相關商品頗多，但若包裝上多了「生」這個字的話比較美味，因為「生」的意思大多是指賞味期限較短的新鮮美食，講求濕潤柔軟的口感，比起添加一些防腐劑的甜點來說更可口鬆軟。

此外，之前已經詳細介紹過長崎知名必買的福砂屋；而沖繩限定版的福砂屋是使用石垣島出產的熱帶海島砂糖製作而成。不同於一般採用黑糖製成的福砂屋，將大家喜愛的底部經典顆粒砂糖呈現另一種淡雅內斂的風味，以及蛋糕原本的蛋黃色轉身變成琥珀色，讓大家可以享受不同的口感與滋味。沖繩限定版福砂屋是最近令和年間推出的，只有在沖繩才買得到喔。

沖繩＋與論島伴手禮

紅芋所做成的芋泥塔

沖繩限定版福砂屋

紅芋蛋糕卷

沖繩＋與論島伴手禮

CHAPTER 1｜令人嘖嘖稱奇的日本飲食文化｜

RACINES BOULANGERIE BISTRO

幻の卵屋さん

ねぎし

有田屋

浅草むぎとろ

CHAPTER 2｜稀有珍貴的星級夢幻美食｜

米沢牛の案山子

元祖鮭鱒料理 割烹 金大亭

藏咖啡 千之花

炭火焼き肉 翔

広島らーめん たかひろ

あなごめしうえの

焼肉のだいこく家

杉乃家

かづの あんとらあ

あんこうの宿 まるみつ旅館

岸壁爐端焼

大間鮪魚

CAVE D'OCCI

海風亭

北のグルメ亭

道後 YAYA

郡上八幡駅 Café

庄内ざっこ

湯河原温泉 ちとせ

郷土料理 大衆割烹 ほづみ亭

原田農場

清津峡温泉 いろりとほたるの宿せとぐち

陸奥湊駅前朝市 みなと食堂

道の駅マリンドリーム能生

千年鮭きっかわ

越後湯澤温泉 湯けむりの宿 雪の花

くろば亭

小川家

藍蔵

日本橋錦豐琳	菓実の福	白色戀人公園
仙太郎	養老軒	富良野チーズ工房
旬果瞬菓共樂堂	ざくろ（ZAKURO 柘榴）	青池
兔屋	七星	Ora da cacao ＆ chou
和菓子村上	小布施堂	山形布丁
淺草滿願堂	和む菓子なか又	王將果樹園
龜十	栗りん	玉川道の駅
KITAYA 六人衆	HAGAN ORGANIC COFFEE	le Roman（ロマン）
お城森八	INITIAL 表参道	カスタード
入り江	SHISEIDO PARLOUR	銀座に志かわ
八朔屋	清水農場	フルーツショップ青森屋
北齋茶房	ロイズタウン工場直売店	大丸屋
空也	雲海テラス	北洋之館
船橋屋	円山ジェラート	南山手布丁

CHAPTER 3｜讓人無法抗拒的日本甜點｜

深作農園	中村食糧	flour+water
道の駅 古今伝授の里やまと	AMAM DACOTAN	Le Sucre Coeur
藤子 F 不二雄博物館	bricolage bread ＆ co.	MARC CITY「FOOD SHOW」
THE VERANDA AT ISHIUCHI	Cattlea	ぱんや雲珠
グリュイエール（GRUYRERS）	Ferme La Terre 美瑛	Boulangerie MAISON NOBU

CHAPTER 4｜大東京地區的伴手禮推薦｜

N.Y.C. SAND	TULIP ROSE	鎌倉五郎本店
PRESS BUTTER SAND	大阪北浜レトロ	ÉCHIRÉ
THE MAPLE MANIA	五志喜	OHASHI
AUDREY	GUCCI OSTERIA	Rodda's
Tartine	代官山小川軒	Sable Michelle

CHAPTER 5｜其他地方的伴手禮推薦｜

文明堂	松翁軒	福砂屋
和泉屋	琴海堂	

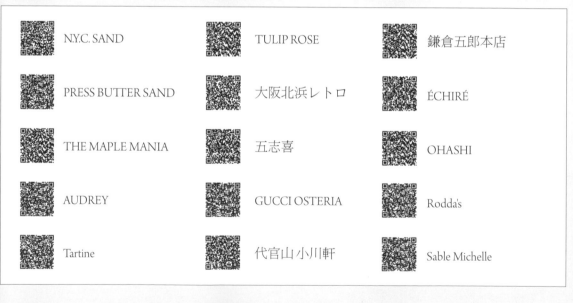

大塚太太帶你吃日本

飲食文化、地方料理、星級食材、巷弄美食、夢幻甜點、人氣伴手禮，在地人才知道的美食秘境全收錄

作　　者　大塚太太
責任編輯　呂增娣
封面設計　劉旻旻
內頁設計　劉旻旻
副總編輯　呂增娣
總 編 輯　周湘琦

董 事 長　趙政岷
出 版 者　時報文化出版企業股份有限公司
108019 台北市和平西路三段 240 號 2 樓

發行專線　(02)2306-6842
讀者服務專線　0800-231-705 (02)2304-7103
讀者服務傳真　(02)2304-6858
郵　　撥　19344724 時報文化出版公司
信　　箱　10899 臺北華江橋郵局第 99 信箱

時報悅讀網　http://www.readingtimes.com.tw
電子郵件信箱　books@readingtimes.com.tw
法律顧問　理律法律事務所　陳長文律師、李念祖律師
印　　刷　和楹印刷有限公司
初版一刷　2023 年 06 月 30 日
初版二刷　2023 年 07 月 25 日
定　　價　新台幣 499 元

（缺頁或破損的書，請寄回更換）

大塚太太帶你吃日本：飲食文化、地方料理、星級食材、巷弄美食、夢幻甜點、人氣伴手禮，在地人才知道的美食秘境全收錄 / 大塚太太著 .-- 初版 .-- 臺北市：時報文化出版企業股份有限公司，2023.06
面；　公分

ISBN 978-626-353-927-3(平裝)
1.CST: 餐飲業 2.CST: 飲食風俗 3.CST: 旅遊 4.CST: 日本
483.8　　112008165

時報文化出版公司成立於 1975 年，並於 1999 年股票上櫃公開發行，於 2008 年脫離中時集團非屬旺中，以「尊重智慧與創意的文化事業」為信念。

ISBN 978-626-353-927-3
Printed in Taiwan.

ENJOY 101 矽膠布專家
100%
台灣製造
隨手做環保
食在好安心
結合布料與矽膠
不使用任何化學黏膠
FORMOSAN BLACK BEAR
乾食用隨食袋
79折專屬優惠
優惠代碼 RT0831
BPA FREE
適用電鍋微波
加熱好方便
超耐高溫材質
滾燙食物好放心
嚴選材質
安全無毒

グルメの旅
JAPAN

グルメの旅
JAPAN